JING GUAN SHE JI JIAO XUE

景观设计教学

马克辛 卞宏旭 编著

辽宁美术出版社

图书在版编目（CIP）数据

景观设计与教学/马克辛，卞宏旭编著．—沈阳：辽宁美
术出版社，2008.1
ISBN 978-7-5314-4001-7
Ⅰ．景…　Ⅱ．①马…　②卞…　Ⅲ．城市—景观—环境设
计　Ⅳ．TU-856

中国版本图书馆 CIP 数据核字（2008）第 010279 号

出 版 者：辽宁美术出版社
地　　址：沈阳市和平区民族北街 29 号　邮编：110001
发 行 者：辽宁美术出版社
印 刷 者：辽宁彩色图文印刷有限公司
开　　本：889mm × 1194mm　1/16
印　　张：9
字　　数：40 千字
出版时间：2008 年 1 月第 1 版
印刷时间：2012 年 2 月第 5 次印刷
责任编辑：苍晓东
封面设计：洪小冬
版式设计：苍晓东
技术编辑：鲁　浪　徐　杰　霍　磊
责任校对：张亚迪
ISBN 978-7-5314-4001-7

定　　价：51.00 元

邮购部电话：024-83833008
E-mail:lnmscbs@163.com
http://www.lnpgc.com.cn
图书如有印装质量问题请与出版部门联系调换
联系电话：024-23835227

序 >>

当我们把美术院校所进行的美术教育当做当代文化景观的一部分时，就不难发现，美术教育如果也能呈现或继续保持良性发展的话，则非要"约束"和"开放"并行不可。所谓约束，指的是从经典出发再造经典，而不是一味地兼收并蓄；开放，则意味着学习研究所必须具备的眼界和姿态。这看似矛盾的两面，其实一起推动着我们的美术教育向着良性和深入演化发展。这里，我们所说的美术教育其实有两个方面的含义：其一，技能的承袭和创造，这可以说是我国现有的教育体制和教学内容的主要部分；其二，则是建立在美学意义上对所谓艺术人生的把握和度量，在学习艺术的规律性技能的同时获得思维的解放，在思维解放的同时求得空前的创造力。由于众所周知的原因，我们的教育往往以前者为主，这并没有错，只是我们更需要做的一方面是将技能性课程进行系统化、当代化的转换；另一方面需要将艺术思维、设计理念等这些由"虚"而"实"体现艺术教育的精髓的东西，融入我们的日常教学和艺术体验之中。

在本套丛书实施以前，出于对美术教育和学生负责的考虑，我们做了一些调查，从中发现，那些内容简单、资料匮乏的图书与少量新颖但专业却难成系统的图书共同占据了学生的阅读视野。而且有意思的是，同一个教师在同一个专业所上的同一门课中，所选用的教材也是五花八门、良莠不齐，由于教师的教学意图难以通过书面教材得以彻底贯彻，因而直接影响到教学质量。

学生的审美和艺术观还没有成熟，再加上缺少统一的专业教材引导，上述情况就很难避免。正是在这个背景下，我们在坚持遵循中国传统基础教育与内涵和训练好扎实绘画（当然也包括设计摄影）基本功的同时，向国外先进国家学习借鉴科学的并且灵活的教学方法、教学理念以及对专业学科深入而精微的研究态度，辽宁美术出版社会同全国各院校组织专家学者和富有教学经验的精英教师联合编撰出版了《21世纪全国普通高等院校美术·艺术设计专业"十二五"精品课程规划教材》。教材是无度当中的"度"，也是各位专家长年艺术实践和教学经验所凝聚而成的"闪光点"，从这个"点"出发，相信受益者可以到达他们想要抵达的地方。规范性、专业性、前瞻性的教材能起到指路的作用，能使使用者不浪费精力，直取所需要的艺术核心。从这个意义上说，这套教材在国内还是具有填补空白的意义。

21世纪全国普通高等院校美术·艺术设计专业"十二五"精品课程规划教材编委会

目录 contents

序
前言

_ 第一章　景观设计概述　**009**　　第一节　认识景观设计 / 010
　　　　　　　　　　　　　　　　第二节　景观设计定位 / 015

_ 第二章　景观设计构成　**019**　　第一节　景观分类 / 020
　　　　　　　　　　　　　　　　第二节　景观设计中的构成要素 / 027

_ 第三章　景观设计的原则　**033**　第一节　在城市规划及法规的指导下进行设计的原则 / 034
　　　　　　　　　　　　　　　　第二节　最大限度地保护自然资源的生态环保设计原则 / 039
　　　　　　　　　　　　　　　　第三节　以人为本的设计原则 / 042
　　　　　　　　　　　　　　　　第四节　以视觉美学基础理论为依据的设计原则 / 046

_ 第四章　景观设计的策划　**049**　第一节　地域调研与场地分析 / 050
　　　　　　　　　　　　　　　　第二节　景观构想与主题确立 / 056
　　　　　　　　　　　　　　　　第三节　功能分区及路网定位 / 059
　　　　　　　　　　　　　　　　第四节　组织实施设计 / 063

_ 第五章　景观设计中常见的设计问题　**067**　第一节　景观天际线和色彩的有序分布 / 068
　　　　　　　　　　　　　　　　　　第二节　绿化组团与群化意识 / 070
　　　　　　　　　　　　　　　　　　第三节　景观节奏的把握与景观中的画龙点睛之处 / 074
　　　　　　　　　　　　　　　　　　第四节　人文景观与自然景观的和谐处理 / 076

_ 第六章　景观设计综述　**081**　第一节　景观是人们心中的一个理想 / 082
　　　　　　　　　　　　　　　第二节　景观是人类生活的场所、栖息地 / 083
　　　　　　　　　　　　　　　第三节　景观是地域文化的一部分 / 085
　　　　　　　　　　　　　　　第四节　景观是超越本质的精神符号 / 087
　　　　　　　　　　　　　　　第五节　景观是一门系统的综合学科 / 088

_ 第七章　景观设计实践教学实录　**091**　第一节　教学大纲 / 092
　　　　　　　　　　　　　　　　　　第二节　实践教学成果实录 / 092

_ 第八章　作品欣赏　**111**　第一节　学生作品 / 112
　　　　　　　　　　　　　　第二节　景观设计表现 / 138

后记

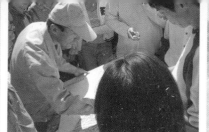

前　言

　　景观设计学（Landscape Architecture）作为学科专业出现在国际上已有百余年历史，被誉为"美国景观设计之父"的奥姆斯特德（Frederick Law Olmsted）于1858年以其最著名的作品"纽约中央公园"的建成，非正式地使用了"景观设计"这一称谓。1863年，"景观设计师（Landscape Architect）"这一称谓被正式作为职业称号是在纽约中央公园设计委员会中使用的。中国的景观设计最基本、最实质的内容还是没有离开园林这一核心。园林设计的形态演变可以用简单的几个字来概括，最初是圃和囿，经过加工取舍而成园，保护培育而成林。从中不难看到圃——囿——园——林的演变。中国现代景观设计的起步、发展到今天不过二十年，对于景观设计学这一称谓，诸多专家学者仍存在争议。在景观设计发展尴尬的中国大地，我们应该冷静地来思考如何看待景观，如何全面地理解景观？如何做好可持续发展的景观设计？如何培养优秀的景观设计师？这些都是值得景观设计师和教育工作者思考的问题。

　　景观设计是一门建立在广泛的自然科学和人文艺术学科基础上的应用学科，其核心是协调人与自然的关系。现代景观设计实践领域的广阔性，要求整体、综合、全面的知识背景。因此，景观设计学应该把科学的分析和艺术的处理结合起来，把规划、管理、保护等内容包括在内。相应的，在景观设计学中，应注重社会、生态与艺术的三位一体，不可偏废。随着社会的高速发展，基础建设任重道远，如何在改造自然的活动中合理地利用和保护生存环境，满足人们日益提高的环境物质要求，专业教育必须作出反应，担当起培养相应人才的责任。传统、狭隘的专业教育已经不能适应当今城市化的进程。专业教育所培养的人才缺乏综合分析基础上的创作能力，理工科学生缺少人文关怀，不了解自己学科领域的社会意义，而艺术院校的学生对建筑学、规划和园林专业的相关方面的知识体系相当贫乏已经是非常普遍的现象。

　　目前中国景观设计的发展方向是要解决当代中国的城市问题、人地关系和城市化带来的一系列土地、河流的生态问题、城市人性化和宜居性问题，还有城市可持续发展问题、城市旧区的更新、城市废弃地的再利用等问题。在当今环境和资源危机背景下，景观设计师的任务更多地还

要关注环境生态甚至是自然灾害问题,通过景观界面的分析和规划设计,发现和预防潜在的环境危机。中国是一个以农业为主的发展中国家,国民经济水平相对落后,同时文化修养、科学技术发展均不平衡。经济发展带来的城市化装运动切断了我们亲土、亲水、亲花、亲草的诗意。城市文明在拥挤的公交车里、光滑的理石广场上、带着各种腥味的运河里传承。景观是有历史和文化性的;景观是人地关系的界面;它是人可以栖居其中的空间;能体现出人对土地的依赖,对土地的热爱和激情。当前中国城市的快速发展,景观设计师与景观策划者们应该更多地考虑如何回归土地,回归大自然。盲目地追求形式与功绩将会加倍增大城市环境的压力。

当前我国很多高校都已开设景观设计学专业,但在做景观设计教育的同时通常忽视了一个问题:没有教会学生如何对待所面临的土地,如何认清人与土地的关系,如何读懂使一块土地充满生机地发展。而常常是千篇一律的一味地教学生追求形式美以及设计的基本方法,导致学生拿到方案便照某些成功案例拷贝。这种缺少调研分析的设计做法直接导致当前国内的城市化装运动,导致城市景观设计千篇一律。景观规划和设计应该优先考虑的是保护景观的多样性,促进文化的多元性和不同文化间的对话。教育的目的就是帮助学生学会学习、研究和沟通。读懂土地与人的关系,读懂地形、水体、野花野草、动物迁徙、四季更替的规律。景观设计学教育应该给学生提供机会,使学生思想开阔、理解多样性、鼓励对新思想的探索和怀疑,并在哲学体系和知识的基础上进行创造。

作者：马克辛

作者：卞宏旭

授课教师：

马克辛——鲁迅美术学院环境艺术设计系教授、主任、硕士研究生导师

卞宏旭——鲁迅美术学院环境艺术设计系讲师

授课对象：

2005、2006 届环艺专业本科学生

周次：7 周

课时：112 学时

中國高等院校

THE CHINESE UNIVERSITY

21世纪高等院校艺术设计专业教材

建筑·环境艺术设计教学实录

CHAPTER 1

认识景观设计

景观设计定位

景观设计概述

第一章　景观设计概述

第一节　认识景观设计

一、景观的含义

"景观"一词在时下的艺术设计领域中是一个使用频率极高的词汇，那么什么是景观呢？"景观"（Landscape）一词的原意是"风景"、"景色"或"景致"的意思。"景"是指客观存在的事物，它可以是景物，也可以是风景，景致。"观"则是人们在观察和感受客观事物时所产生的主观看法。景观作为由不同单元镶嵌组成的具有明显视觉特征的地理实体，兼具经济、生态和美学价值，但是景观又是一个难以说清的概念，探究其含义需要从诸多方面入手（图1-1）。

第一，景观的本质是人们的审美对象，人作为审美活动的主体，景观则是审美活动的客体，这种主客体关系同样也是人与自然的关系，作为主体的人和具有自然性的景观二者之间相互作用，相互联系（图1-2、1-3）。

第二，景观是人与人、人与自然关系的真实存在。景观作为视觉美的感知对象，是人以主体的姿态出现的，人在景观中寄托着自己的某种期望和理想，而身处景观中的人们不确定会有同样的想法和期望。例如：香格里拉（图1-4）、布达拉宫（图1-5）、九寨沟（图1-6）等。

图1-1　德国南部乡村

图1-2　新西兰岛

图1-3　云南元阳梯田

图1-4　云南香格里拉

图1-5　西藏布达拉宫

图1-6　四川九寨沟

第三，景观是生活在这片土地上的人们的历史印记，是人与自然的关系在长期摸索中的客观记录。景观具有一定的历史性，不同历史时期、不同地域的景观有着不同的特点，景观的发展变化是不同地域历史变革的缩影（图1-7～1-9）。

综上所述，景观有着广泛而深刻的含义，它是多元素的组合，包括田野、建筑、山体、森林、沙漠、水体及居住区。它包含了所有视觉影像的含义，并不像通常意义上的风景、景致。它同时寄托了一个时代人们的理想和追求，不同时代的景观设计也反映了同时代人们的意识形态和价值取向。景观不是科学家用精密仪器所能计算和理解的，它的重要性和真正内涵是需要参与其中的人所界定的，从人家的前后花园到城市广场甚至大到整个土地的

规划设计，景观作为一个生命有机体记录着人与人、人与自然的历史，上升到宏观的社会学范畴，景观也是对社会道德观、价值观的反映，景观是深刻的，景观是科学的，景观是丰富多彩的，景观是人类文明的延伸（图1-10～1-13）。

图1-8 中国长城

图1-7 北京圆明园

图1-9 北京天安门

图1-10 安徽西递村

图1-12 四川九寨沟

图1-13 四川乐山大佛

图1-11 山西平遥古城

二、景观设计的发展历程

中国在景观设计方面历史悠久，今天我们所学的景观设计具体到中国古代的景观设计，就等同于风景园林设计及庭院设计，中国园林被誉为东方园林设计之母（图1-14~1-17）。

早在黄帝时期中国就产生了在世界造园史中最早有记载的人造景观——宏囿。尧、舜、禹时期已经设立专门的部门负责"园囿"之营造。到殷商时期，所修筑的景观多为帝王享乐服务。到春秋战国时期，受老庄"亲近自然"思想的影响，当时的自然式园林得到了广泛的发展，而这种以亲近自然为主的营造法则，与当今所提出的景观的生态性原则、自然性原则相契合。到汉朝时期，不但帝王将相建造园林成为主流，大量模拟自然而建造的私家园林也开始逐渐兴起，由于当时社会的动乱，人们更渴望拥有一份逃避现实的幽静，所以，当时的园林景观建造的风格多以利用自然、模拟自然为主。在隋唐时期，私家园林的发展达到了高潮，与隋炀帝的奢靡式造园相比，唐朝私家园林的发展更为鼎盛，经过约17年的贞观之治，唐朝的社会经济发展稳定，人们投入了更多的人力物力营造园林，园林的面积开始增大，而且移至山林之中，园中多布置奇石假山，供人们在其中游玩欣赏。到南北宋期间，奇石盆景的应用更为普遍，此间，江南园林的发展高潮随之即来，逐渐形成了中国园林设计风格的主流。到了明清时期，中国的园林设计已经呈专业化的趋势，造园理论和造园技术均已成熟（图1-18、1-19）。

图1-14 河北承德避暑山庄

图1-15 苏州网师园

图1-16 苏州狮子林

图1-17 苏州留园

图1-18 北京颐和园

图1-19 苏州拙政园

综观整个中国的园林艺术设计，南方由于气候温暖湿润，园林设计的风格多注重设施的精巧，亭台楼阁的布置，追求一种清幽朴素的自然之美（图1-20），而北方园林的设计规模相对较大，优秀的设计多以宫廷贵族园林为主，风格宏伟、大气（图1-21）。

中国园林设计中对于自然美的推崇和追求与当今景观设计的宗旨——保护自然生态性如出一辙。同时，中国悠久而独具特色的园林设计，也为今后中国的景观设计师向国际化迈进奠定了扎实的基础（图1-22）。

在国外景观设计的发展中，大部分亚洲国家景观设计的发展多受中国园林设计的影响。南亚等一些地区则受到较大宗教的影响，例如：泰国的庭院景观设计多受到佛教的影响（图1-23、1-24）。

西方景观设计最早产生于古希腊和古罗马，古希腊和古罗马的景观设计给后来西方国家的景观设计奠定了基础。总体上说，欧洲等西方国家的景观设计，其发展不同于东方，原因在于审美习惯和审美趣味各异，其景观艺术设计开始的主要风格特点是多利用自然景物，极少用人工装饰，到了近代，在景观艺术设计中逐渐开始了注重对色彩的应用，与中国有很大不同的就是其多用鲜艳的色彩，以提升整体景观的效果，其对色彩的应用既广泛又娴熟（图1-25）。

图1-20 苏州拙政园

图1-23 泰国庭院

图1-25 鲜艳的色彩提升了整体的景观效果

图1-21 承德避暑山庄

图1-22 承德避暑山庄

图1-24 泰国庭院

在这里要特别地介绍美国的景观设计与发展，众所周知，美国的景观设计是由弗雷德里克·劳·奥姆斯特德创立的，他被人们称为"美国景观设计之父"，从他的作品"纽约中央公园"问世（图1-26）开始，标志着景观设计不再是为少数的贵族所创造奢侈品的活动，真正意义在于他营造出一个真正愉悦的普通大众的空间。美国景观设计的风格多为混合型，他融合了西方各国园林设计的风格，同时也汲取了东方景观设计的风格特点，产生了许多不同的设计流派。

图1-26 纽约中央公园

随着社会经济、技术的发展，新的技术不断涌现，人们的审美品位和需求不断提高，同时也对景观设计这门学科提出了一些新的、适时的要求。比如说，如何在有限的土地中更好地利用空间并作出更实用、更和谐的景观设计，如何合理巧妙地利用新型材料，如何保持景观设计的生态性等问题都为景观设计今后的发展提出了新的挑战（图1-27、1-28）。

图1-27 原生态的景观形式

图1-28 建筑的生态化

三、景观设计的展望

对于目前发展得如火如荼的景观设计产业和新兴的景观设计学科来说，现代的景观设计特点是更大众性，可参与的人员更加丰富，在规划实施的过程中更加环保（图1-29、1-30）。

景观设计的发展前景应该是多元化的、生态性的、自然性的、科学性的。当前的景观设计在形象问题上，照搬照抄的现象非常普遍，而个性鲜明、经得起推敲、有着深远意境的设计作品

图1-29 马尔代夫海滨

图1-30 日本村落

图1-31 过多传统景观元素符号的堆砌造成视觉上的拥挤

却很少，在不占少数的设计中，仍存在对西方园林的照搬照抄问题。无论是景观设计还是景观设计学，在中国都还是处于起步阶段。对于景观设计的实施来讲，鲜明的视觉形象，良好的绿化环境，足够的活动场地是设计最基本的出发点；对于景观设计学科的发展，大量地汲取当代先进的景观设计理念及相关设计理论的知识，积极主动地参加景观设计的实施是尤为重要的（图1-31）。

面向未来，中国景观设计的发展方向也应该是更加多元化、符合化、生态化，要与环境艺术相结合，注重视觉景观形象的创造；并且要与城市规划和城市设计紧密相连。总之，寻求结合中国国情的景观设计是中国景观设计的创新发展之路（图1-32）。

图1-32 亲近宜人的空间环境给人美的视觉享受

图1-33 马来西亚海滨

图1-34 有序的排列组合形成秩序美感

第二节 景观设计定位

一、景观设计

景观设计相对于景观而言更带有较多的人为因素，因为设计毕竟是一种人为的或受人力支配的活动。景观设计是指人们对特定的环境进行的有意识的改造行为，它可以在某一区域内创造一个具有形态、形式因素的构成，具有一定社会文化内涵及审美价值的景物（图1-33、1-34）。

景观设计中所涉猎的内容十分广泛，如地理学、建筑学、城市规划设计、设计美学、历史美学等。它不仅要涉及大量的自然、人文、科学知识，而且在设计的过程中，重要的是要有艺术创造力，艺术直觉。现代景观设计包括视觉景观形象、环境神态绿化、大众行为心理三方面内容，这三方面内容也是景观规划设计的三元素。

二、景观设计与其他相关专业的区别与联系

景观设计虽然是一门新兴学科，作为一门独立的学科，它与其他学科之间在某些方面有着深入的联系，所以如果要对景观设计有更深入的了解

图1-36 长少圭塘河景观规划

图1-35 四川都江堰

图1-37 小空间的处理构成了整体的景观样式

图1-38 德国小镇

图1-39 城市雕塑小品景观是景观设计中的重要元素

和学习，就要对其他相关专业有所熟悉，并学习相关专业知识，有助于全方位多角度地学习景观设计这门课程（图1-35）。

1.景观设计与城市规划的关系

城市规划是随着社会经济和工程技术的发展而发展起来，是与人们的审美观点，对生活环境的追求目标的不断提高而发展起来的一门科学，景观设计和城市规划的主要区别在于景观设计是物质空间的规划和设计，包括城市与区域的物质空间规划设计，而城市规划更注重社会经济、城市总体发展计划。城市规划更多的是从宏观着眼，而从所依赖的空间来研究，景观设计更多的是从微观入手（图1-36、1-37）。

2.景观设计与城市设计的关系

城市设计是对城市环境形态所做的各种合理处理和艺术安排（《大不列颠百科全书》）。在城市设计领域中，城市中一切看到的东西都可以是要素，建筑，地段，广场，公园，环境设施，公共艺术，街道小品，植物配置等都是具体的考虑对象，这一点在景观设计中也要考虑这些因素（图1-38、1-39）。

3.景观设计与园林景观设计的关系

传统园林的设计是合理利用自然环境和人工环境结合的一种建筑形式，园林设计有着悠久的历史，也形成了一些成熟的专业理论和美学理论。而景观设计是近代才兴起的学科，通常以为，园林设计视为景观设计的早期形态，它们的相同之处都是人们改造所处环境、营造新环境的行为，它们的不同之处是主要由于历史的原因造成的。由于在历史上，园林多为地位显赫的人服务，所以，园林设计的风格更注重个人的喜好，而现代景观设计多应用于城市的大环境中，是根据周围的公共环境等因素的特色而建造的，另外在材料的运用方面，随着当今科学技术的不断发展，景观设计中对于现代技术的应用是传统园林永远不及的，材料等物质因素的不断发展也是景观设计永葆创造性的根本（图1-40、1-41）。

4.景观设计与建筑设计的关系

景观设计有一个主要特点，即它一定要有精神文化的东西在里头，这方面与建筑设计相比更为专长，尽管建筑设计也强调精神文化，但是它们最基本的还是偏重使用功能、偏重技术、偏重解决人类生存的问题。而景观设计更多地要考虑艺术性和精神活动问题，一切构造法式和技术要求都要围绕这一主题展开。建筑设计则在技术和使用功能上需投入更大的精力（图1-42、1-43）。

5.景观设计与公共艺术设计的关系

所谓公共艺术设计，简单的可以理解为公共空间的艺术品，它通常包括广场、雕塑、绿化、建筑小品、城市家具等。公共艺术是景观设计中不可或缺的元素，而景观设计的关注点是用综合的途径和方法来解决问题，更关注一个物质空间的整体设计，解决问题的途径是建立在科学理性的基础上的，是多学科知识相结合的产物（图1-44、1-45）。

图1-41 北京国家大剧院的建设运用了当今最新的材料与工艺

图1-40 苏州留园

图1-42 建筑内部的景观设计被运用的越来越广泛

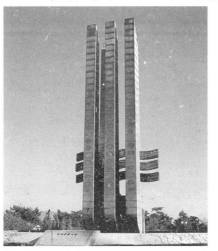

图1-44 优秀的公共艺术品能在景观设计中起到画龙点睛的作用

图1-43 建筑与环境很好地结合在一起

图1-45 公共空间要素是景观设计中不可或缺的元素

三、景观设计目的

景观设计与人们的生活息息相关，良好的景观设计会给人以自然、清新、充满生机之感（图1-46）。相反的，不合适的景观设计，人们身处其中会产生一种压抑的、郁闷的感觉。景观设计作为一种对身边环境艺术性改造的行为，在设计的过程中有着不同的设计目的，最直接的目的就是为大众营造出一个空间尺度宜人的环境（图1-47）。改造旧的、不适宜的空间环境，具体落实到实施过程中，用地的规划、景观内建筑的设置及相关设施的设计都应该是能满足不同人群的需要。人们的情绪会随景观的改变而改变，这时作为审美客体的景观与审美主体的人产生了共鸣，形成相互感应和相互转化的关系（图1-48）。

景观设计的最主要的目的，就是对环境的可持续性保护和美化。优秀的景观设计必然是尊重自然、注重环保的设计。注重对环境生态的保护和调节，也是当代景观设计的主要特点之一，人们对环境及自然生态的保护意识也在对景观的审美活动中得到提升，从而使人地关系更加和谐（图1-49）。

图1-46 鲁迅美术学院校园景观

图1-48 空旷的视野会营造良好的空间效果

图1-49 呼伦贝尔草原

图1-47 适宜的空间尺度是景观设计所遵循的设计原则

中國高等院校

THE CHINESE UNIVERSITY

21世纪高等院校艺术设计专业教材

建筑·环境艺术设计教学实录

CHAPTER 2

景观分类

景观设计中的构成要素

景观设计构成

第二章　景观设计构成

第一节　景观分类

一、标志性建筑景观

标志性建筑景观的主体可以说是建筑本身，与其他建筑不同的是它也具备了景观的某些性质，人们可以用最简单的形态和最少的笔画来唤起对它的记忆，如悉尼歌剧院（图2-1）、巴黎埃菲尔铁塔（图2-2）、北京天安门（图2-3）等世界上著名的标志性建筑景观。标志性建筑的影响力能反映出整个城市的整体形象，并可体现一种城市精神，是人们对城市形象与发展的一种精神性的寄托与情感的表达。建筑有其独立的艺术价值、形式语言、功能结构关系。关于景观与建筑的关系，是建筑引领景观的发展，还是景观规划建筑的设计，一直是建筑师与景观设计师争论的一个焦点。一个城市的所谓"标志性"，是经过多年的文化积淀与文化交流形成的，是不能够用金钱在短短的数年内就"标志"出来的。悉尼歌剧院、巴黎埃菲尔铁塔等建筑之所以成为一个城市的标志，并非

只是在于建筑设计上的独特，更多的还有人文历史与周围环境的协调共生等因素蕴涵其中，同时还包括民众认同度的原因在内。在现代城市景观建设中，景观与建筑应该是互相作用的，建筑不能脱离环境而孤立存在，景观环境需要有周围建筑的围合尺度与天际线变化关系。当然必要时更需要有标志性建筑作为点睛之笔（图2-4）。

图2-1　悉尼歌剧院

图2-3　北京天安门

图2-4　印度泰姬陵

图2-2　巴黎埃菲尔铁塔

二、公园景观

公园经常被认为是钢筋混凝土沙漠中的绿洲（图2-5）。对过路者和那些进到公园里的人而言，公园的自然要素带给他们视觉上的放松、四季的轮回以及与自然界接触的感受。公园景观是城市绿化体系的重要部分，是城市中的生态园。它是以树木、草地、花卉为主，兼以人工构筑的景观。具有镶嵌度高、类型多样、异质性大的特点。是一种开放性强，开敞度大，以自然的特色与魅力服务于人们的绿色空间，可供人娱乐、观演、餐饮、交流、集会等的活动空间。为城市居民业余休息、文化活动等提供一个开放性、自由式的交流场所，对美化城市面貌和平衡城市生态环境、调节气候、净化空气等均有积极作用（图2-6、2-7）。

随着人们对空间使用的文化模式的深入理解，公园设计应该打破以往制造出的僵化常规。单独的、集中的公园设置对于一个依赖活跃的街道生活来维系其社会网络的社区来说也许并不重要。现今，对公园设计的讨论热点大都集中于多样化的需求——包括公园的类型、传统公园中的要素多样化等。人口、生活方式、价值观和心态的变化，使得公众需要更大范围的休闲环境。现代公园设计的另一个焦点性问题就是——生态的意识和责任感（图2-8）。人与自然之间新型关系的适应性和独特性，无论是原始环境中的自然化休闲，还是前卫抽象的表达，公园设计都在试图模仿自然，表达着人们对人与自然关系的文化态度（图2-9~2-11）。

图2-5 公园给人们提供了一个亲近自然的场所

图2-6 适宜的加工营造舒适的景观空间

图2-7 公园被称为城市的"绿肺"

图2-8 生态意识和责任感是现代设计的一个焦点问题

图2-9 贴近自然成为公园景观设计的一个趋势

图2-10 公园景观的设计通常要仔细考虑有色树种的搭配

图2-11 韩国某公园水系设计

三、居住区景观

居住区环境是城市环境的重要有机组成部分，如何协调人以及居住区环境与区域环境之间的关系将成为居住区景观设计的主题与目标。居住区景观形态将成为表达整个居住区形象、特色以及可识别性的载体（图2—12）。

居住区景观具有生活场所和公众活动场所两重属性。这种公共场所既可给住户提供开放的公共活动场地，也可满足住户个人生活的私密需求。居住区公共场所通过绿化环境、景观小品、公共设施吸引住户居住与生活游憩，提供与自然万物的交往空间。进而从精神上和生活场所上创造和谐融洽的社会氛围。亲近宜人的居住环境是每个城市人的希望与需求。居住区景观环境质量的好坏直接影响着人们的生理、心理和精神需求（图2—13~2—17）。

四、商业区景观

商业区的活动功能主要有购物、餐饮、观演、娱乐、交流等，商业区景观设计更多地应该考虑商品的展销与人群疏散问题，设计出便捷的购物场所和休息场所（图2—18）。在商业区，人们主要活动的目的是购物，怎么处理好人与商业性活动场所的关系是商业景观的主要目的。商业区景观更多以硬质景观为主，大量的人流要求商业性景观必须重点考虑开场性和空气的流通性（图2—19），以缓解商业建筑、展示性广场、娱乐设施、广告、绿化、交通等混杂的空间构成给商业区广场带来的巨大压力（图2—20）。

图2—12 居住区景观设计要体现人性关怀

图2—14 儿童的行为特点是小区景观设计考虑的重要因素

图2—13 居住区的水系设计

图2—15 居住区的地面铺装设计

图2—16 景观小品使居住区环境品质整体提升

图2—17 居住区的步道设计

图2—18 德国某商业街

图2—19 北京王府井商业街

图2—20 北京王府井街头雕塑

图2-21 大连海之韵广场

五、广场景观

广场是将人群吸引到一起进行静态休闲活动的城市空间形式（图2-21）。凯文·林奇（Kevin Lynch）认为"广场位于一些高度城市化区域的核心部位，被有意识地作为活动焦点，普通情况下，广场经过铺装，被高密度的建筑物围合，有街道环绕或与其连通，它应具有可以吸引人群和便于聚会的要素"。所以说，广场是一个人流密度较高、聚集性较强的高密度开放空间，其主要功能是漫步、闲坐、用餐或观察周围世界。与人行道不同的是它是一处具有自我领域的空间，而不是一个用于路过的空间（图2-22～2-24）。

图2-22 天安门广场

图2-23 莫斯科红场

图2-24 越南河内巴亭广场

六、道路景观

一般来说，城市道路景观是在城市道路中由地形、植物、建筑物、构筑物、绿化、小品等组成的各种物理形态。城市道路网是组织城市各部分的"骨架"，也是城市景观的窗口，代表着一个城市的形象。同时，随着社会的发展，人们生活水平的不断提高，人们对精神生活以及周边环境的要求也越来越高。这些都要求我们要十分重视城市道路的景观设计。景观道路的规划布置，往往反映出不同的景观面貌和风格（图2-25～2-28）。

图2-25 日本道路景观

图2-26 美国的道路景观

图2-27 法国香榭丽舍大街

图2-28 韩国的道路景观

七、公共设施景观

公共设施景观是景观设计中表现最普遍、最多样化的一种形态，它遍布于我们的所有生活环境之中。它们是城市生活中不可或缺的设施，是现代室外环境的一个重要组成部分，有人称它们是"城市家具"（图2-29~2-33）。景观设

图 2-29 公园导示系统

图 2-31 道路指示系统

图 2-30 城市公共雕塑

图 2-32 公共电话亭

图 2-33 户外饮水设施

施具有一定的使用功能，可以直接提供特定功能的服务。同时，景观设施还具有装饰功能，它是景观设计中的重要造型要素，成为城市景观的一部分，是建筑景观的外延。在进行公共设施景观的设计时，应该首先注重实用性，其所设置的环境是人们户外活动的场所，所以应该以适合、适用为设计原则。各项设施、设备应该以满足使用者的需求为主，在符合人性化的尺度下，提供适宜的设施和设备，并考虑外观美，以增加环境视觉美的趣味。必须要了解设施物的实质特征（如大小、质量、材料、生活距离等）、美学特征（大小、造型、颜色、质感）以及机能特征（品质影响及使用机能），并预期不同的设施设计及组合、造型配置后所能形成的品质和感觉，确定发挥其潜能（图2-34～2-38）。

图2-34 公共电话亭

图2-35 公共休息座椅

图2-36 户外休息座椅

图2-37 街路护栏

图2-38 日本街道公共休息座椅

第二节 景观设计中的构成要素

一、空间尺度要素

景观设计的主要尺度依据是由人们在建筑外部空间的行为决定的，也就是说，人们的空间行为是确定空间尺度的主要依据（图2-39、2-40）。如学校教学楼前的广场或开阔空地，尺度不宜太大，也不宜过于局促。太大了，学生或教师使用、停留会感觉过于空旷，没有氛围；过于局促的空间会使得人们觉得过于拥挤，失去一定的私密性，这也是人们所不会认同的（图2-41）。因此，无论是广场、花园或绿地，都应该依据其功能和使用对象确定其尺度和比例。合适的尺度和比例会给人以美的感受，不合适的尺度和比例则会让人感觉不协调。以人的活动为目的，确定尺度和比例才能让人感到舒适、亲切（图2-42）。

图2-39 广场功能的定位要求大尺度的空间关系

图2-40 适宜的空间尺度关系是景观设计的重要构成要素

图2-42 以休闲活动为目的的空间尺度要充分考虑人的行为习惯

图2-41 鲁迅美术学院校园入口

具体的尺度、比例，许多书籍资料都有描述，但最好还是要在实践中去把握、感受。比例有两个度向，一是人与空间的比例；二是物与空间的比例（图2-43）。

比例是控制景观自身形态变化的手法之一。所谓比例，是一个事物整体中的局部与自身整体之间的数比关系。和谐的比例关系可产生美，正确地确定景观比例，可以取得较好的视觉效果。景观各个部分之间、各种尺度有不同性质的关系，这主要取决于景观性质和功能。尺度是以人的自身尺寸关系与其他物体尺寸之间所形成的特殊数比关系，所谓特殊是指尺寸必须是以人的自身尺寸作为基础。景观尺度控制在景观设计中，是非常重要和关键的，只有在尺度上适宜、得当，才会产生视觉上的美感，为人们提供赏心悦目的空间和环境（图2-44）。

比例与尺度不仅影响到景观的美感，而且也会影响到景观功能上的需要。因此无论是广场、花园和绿地，也都应该依据其功能和使用对象来确定其尺度和比例。和谐的比例和尺度关系不仅给人以美感，还可满足人舒适的空间感受和功能需求。比例与尺度关系是使景观适用、协调的重要条件之一（图2-45）。

二、物质构成要素

如果按照景观的物质构成划分景观的构成要素，可分为两大类：一类是软质景观，通常是自然的，例如：树木、水体、绿地、土壤、阳光和天空。另一类

图2-43 大连市政广场

图2-44 适宜交流的空间尺度

图2-45 比例与尺度关系是使景观适用、协调的重要条件

是硬质景观，通常是人造的，例如：铺地、墙体、栏杆、景观构筑物等（图2-46~2-48）。

软质景观是构成景观的最基本、最自然的要素。软质景观是自然赋予景观最直接的载体，景观设计中对于软质景观的应用是在尊重自然生态的原则上进行的，是人类对自然的创造性再生。在景观设计中，对软质景观如树木、水体等巧妙合理地利用，可以使景观设计在具有原始天然魅力的同时又具有独创性，令人耳目一新。同时，各

种软质景观要素之间又互相联系，相互影响（图2-49~2-51）。

硬质景观是体现人作为主体在景观中的创造性活动的要素。景观不仅仅是风景，在景观设计中还融入了大量的人为的对环境的改善，景观设计就是要改造旧环境，创造新环境，而硬质景观就是新环境中必不可少的组成部分，硬质景观通常是更直接更具体地为人们服务。例如：墙体是为了人类免受自然的侵袭；铺地是为了更方便人们的行走，等等，虽然硬质景观多是人造的，

但是景观设计的发展趋势就是要做到人与自然的和谐统一,也就是硬质景观同软质景观相协调同步发展（图2-52~2-54）。

图2-46 景观设计中软质量景观与硬质量景观常常结合在一起

图2-47 地面采用的硬质铺装

图2-48 地面采用大量的软质铺装

图2-50 东京迪尼斯主要公园内剪形树

图2-52 沈阳21世纪广场

图2-49 绿植与水体是最常见的软质景观

图2-51 软质景观是自然赋予景观最直接的载体

图2-53 鲁迅美术学院校园步道设计

图2-54 沈阳妇女儿童中心

三、可变的动态要素

为什么雾凇在北方出现而南方没有?为什么摇曳的竹林只出现在南方而北方没有?这是由南北方的气候差异产生的景观差异。其实,诸如气候这一类的原因所产生差异还有很多,例如,季节的更替,当地的盛行风向,雨季的持续时间,等等,在景观设计中这些因素一般叫做可变的动态要素。这些可变的动态因素对景观的设计以及最终的实施都有着决定性的作用,例如在进行绿化的设计中,没有考虑到气候以及季节交替的影响,很可能就会导致树木的死亡,达不到最佳的绿化效果。而在公共设施的设计中,对于防雨功能的设计也是由当地的雨季时间长短和雨量决定的。而且这些可变的动态要素虽然有一定的规律可循,但是不同时期也会有所变化的。所以设计师在进行设计之前一定要做好深入的调研工作,搜集近年来当地的气候、风向、雨水等相关方面的数据 (图2-55~2-58)。

四、精神需求要素

与建筑设计和城市规划相比,景观设计侧更需要上一个层次,它要解决的是人类精神感受的重要问题。因此说,景观设计更侧重于艺术性和精神活动。人类是符号动物,景观是一个符号传播的媒体,是有深刻含义的,它记载着一个地方的历史,包括自然和社会历史;讲述着动人的故事,包括美丽的或者是凄惨的故事;讲述着土地的归属,也讲述着人与土地、人与人以及

图2-55 景观的四季变化——春

图2-56 景观的四季变化——夏

图2-57 景观的四季变化——秋

图2-58 景观的四季变化——冬

图2-60 英国巨石阵

人与社会的关系,因此,行万里路,如读万卷书 (图2-59、2-60)。

图2-59 丹麦美人鱼雕塑

正如一本小说主要是由符号语言组成的一样,景观也具有语言的所有特征,它包含着话语中的单词和构成——形状、图案、结构、材料、形态和功能。所有景观都是由这些组成的。如同单词的含义一样,景观组成的含义是潜在的,只存在于上下文中才能显示。景观语言也有方言,它可以是实用的,也可以是诗意的。海德格尔把语言比喻成人们栖居的房子。景观语言是人类最早的语言,是人类文字及数字语言的源泉。"河出图,洛出书"固然

是一个神话传说，但它却生动地说明了文字与数字起源于对自然景观中自然物及现象的观察和启示的过程（图2-61）。

景观语言可以用来说、读和书写，为了生存和生活——吃、住、行、求偶和生殖，人类发明了景观语言，如同文字语言一样，景观语言是社会的产物。景观语言是为了交流信息和情感的，同时也是为了庇护和隔离的，景观语言所表达的含义只能部分地为外来者所读懂，而有很大部分只能为自己族群的人所共享，从而在交流中维护了族群内部的认同，而有效地抵御外来者的攻击（图2-62）。

景观中的基本名词是石、水、植物、动物和人工构筑物，它们的形态、颜色、线条和质地是形容词和状语。这些元素在空间上的不同组合，便构成了句子、文章和充满意味的书。当然，要读懂这样一本书，读者就必须具有相应的知识和文化。不同文化背景的人，如同上下文关系中的景观语言一样，是有多重含义的，这都是因为人是符号的动物，而景观符号是人类文化和理想的精神载体（图2-63）。

五、功能要素

景观在人们的生活中无处不在，它要满足人们对环境的审美需要。随着建筑环境类型的差异，景观的空间形态、特征以及功能要求也在随之发生变化。不管景观如何地发展变化，其基本立足点应符合人的生活方式，满足一定的功能要求，这样的景观才有存在的价值（图2-64）。一个具有良性循环的景观系统，要在功能上具有整体性和连续性。这里主要介绍在景观设计中三方面的功能要素。

1.景观的使用功能

景观的使用功能主要是针对景观设计中的设施设计是否能满足人们的要求。这些设施应该能给人提供直接的、便利的服务。这种使用功能是环境设施外在的，也是让人对景观产生第一感知的主要因素。例如：休息坐椅多位于道路两侧，主要供游人休息、赏景。它不仅可以满足人们长时间的观景要求，更主要的是满足了人们对它的使用需求，景观的使用功能也在此体现出来了。又如：照明设施是使景观在夜间焕发魅力的主要工具，同时它又可以满足人们的照明需要。所以就要求设计师在进行照明设计时，不仅仅要考虑照明设施的美观性，主要还是要考虑其要有良好的功能性（图2-65）。

图2-61 江西庐山瀑布——飞流直下三千尺，疑是银河落九天

图2-62 安徽黄山

图2-64 云南元阳梯田

图2-63 山东孔庙

图2-65 供人休息的座椅

2.景观的审美功能

在研究景观使用功能的同时，自然会涉及视觉和情感、自然与人文、动态与静态等审美功能。景观设计的主要目的就是要改善环境，使人们更愿意走到环境当中去，参与到景观之中，使人自身感到愉悦。景观设计就是要给人们带来最大程度的精神享受。在审美活动中，作为审美客体环境与审美主体的人发生碰撞，迸发火花，使人对景观产生新的认识，使人对环境不仅产生保护作用而且产生创造作用。同时，环境给人以亲切感、认同感、引导感和文化感（图2-66）。

3.景观的保护功能

景观的保护功能主要体现在对自然生态的保护，它主要的是表现在：改善气候，一定面积的植物可以对一定区域的气温和温度进行调节，扩散并减弱城市热岛效应；净化空气，减少噪音污染，改善卫生环境；保持水土，美化环境可以提高环境的舒适度（图2-67）。

景观的各种功能在环境中都不是孤立存在的，而是综合出现的。例如：绿化的设置既可以美化环境，又可以对自然生态起到保护作用，景观对环境的影响是多方面的，处在环境之中的人们对景观的渴望和要求也是越来越大的，所以了解景观的功能性是非常必要的。

六、生态要素

景观的生态设计，体现了人类对于人与自然和谐共生的美好愿望。它饱含了人类对于生命的理解和对于土地和自然的敬重。"生态"这个词汇不仅

图2-66 大连海之韵广场主体雕塑

出现在景观行业中，更渗透到人和自然共处的每一个环节当中。它是人与自然和谐共生的重要体现；是人类在这片土地上得以延续的必要机制和方法。生态学在景观设计中的运用，使景观设计的思想和方法有了重大的转变，大大影响景观的形象。伴随"生态设计"在全球的影响和发展，更多的设计师站在理解生命与自然的高度上重新审视和思考现代景观的意义（图2-68）。

生态设计不仅仅停留在"绿色"的概念上，它有着更宽泛的意义。生态设计的理念被运用在景观设计的整个过程当中。生态设计体现在景观设计的多个方面，例如：保护与节约自然资本；对再生资源的运用；对材料的循环利用；对当地资源的利用，包括当地的乡土植物以及水、自然风光的利用等（图2-69）。

图2-67 四川黄龙自然保护区

图2-68 云南香格里拉

图2-69 美国芝加哥

中國高等院校
THE CHINESE UNIVERSITY

21世纪高等院校艺术设计专业教材
建筑·环境艺术设计教学实录

CHAPTER 3

在城市规划及法规的指导下进行设计的原则
最大限度地保护自然资源的生态环保设计原则
以人为本的设计原则
以视觉美学基础理论为依据的设计原则

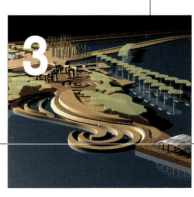

景观设计的原则

第三章　景观设计的原则

第一节　在城市规划及法规的指导下进行设计的原则

景观设计首先要在遵循相关法律法规的前提下进行设计，所以作为设计师要对一些相关的法律法规有所了解。如：交通设施法规，建设规范法规，空管法规，水利设计法规，环境保护法规，资源保护法规，文物保护法规，安全、消防、防盗、防暴法规等（图3-1、3-2）。

一、交通设施法规

城市道路交通设施是指城市道路上的交通标志、标线、指挥信号系统、监控系统、隔离设施、指挥岗亭、宣传栏和路面缓冲设施以及辅助管线等。在城市道路范围内种植树木、花草、绿篱，设置户外广告、指路牌、电线杆以及管线、横幅等，不得妨碍城市道路交通设施的正常使用（图3-3、3-4）。

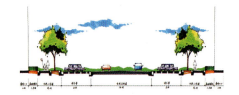

图3-1 道路分析 作者：林若杉

图3-3 道路系统 作者：王巍

图3-2 道路分析 作者：邹春雨

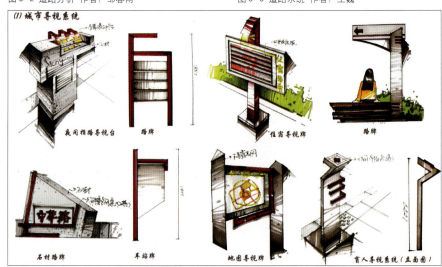

图3-4 道路导视系统 作者：邹春雨

034

二、建筑设计规范

在做景观设计的过程中，通常会遇到对建筑构筑物的设计，这就要求设计一定要按照国家的设计规范的要求来执行，特别是防火、防震、给排水、抗震等的要求（图3-5、3-6）。

三、水利管理法规

对水的开发利用与保护主要从两方面来讲：

一是合理有效地开发、利用水资源，保护水环境。由于特殊的地理和气候条件，加之人类活动不断增加，致使土地植被稀少，景观单一，水生态失调。随着城市化进程的加速，经济发展将加快，人口增加，人们对生活质量需求提高，对水的要求会越来越高。因此，解决水资源的合理开发，有效利用，保护好水生态环境，是现代景观设计中应优先解决的重大问题（图3-7、3-8）。

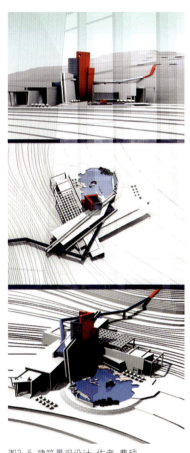

图3-5 建筑景观设计 作者：曹硕

图3-7 奥运森林公园水系统分析 作者：土人景观

图3-6 建筑景观设计 作者：曹硕

图3-8 奥运森林公园整体鸟瞰 作者：土人景观

二是防洪安全设施建设,提高防御洪涝灾害能力,为城市提供安全的外部环境。由于历史、自然条件等多方面原因,防洪工程建设严重滞后,抗御洪涝灾害的能力低,如黄河上游沿黄河的重要城市以及河套地区的重点河段、长江上游的大部分一级支流、珠江流域的西江以及西部内陆河的防洪能力普遍较低。珠江上游连续发生洪水,广西的柳州、梧州和桂林等重要城市多次受灾(图3-9、3-10)。

因此,在合理开发、优化配置和高效利用水资源,增强供水能力,治理水土流失,构筑大江大河上游水生态屏障的同时,采取综合措施,对整个城市景观中水系开发的利用与保护进行宏观规划,采取可持续开发利用的战略(图3-11)。

四、环境保护法规

环境保护法规是为了保护和改善生活环境与生态环境,防治污染和其他公害,保障人民健康,促进社会主义现代化建设的发展。环境是影响人类生存和发展的各种天然的和经过人工改造的自然因素的总体,包括大气、水、海洋、土地、矿藏、森林、草原、野生生物、自然遗迹、人文遗迹、自然保护区、风景名胜区、城市和乡村等。国家制定的环境保护规划必须纳入国民经济和社会发展计划,国家采取有利于环境保护的经济、技术政策和措施,使环境保护工作同经济建设和社会发展相协调。国家鼓励环境保护科学教育事业的发展,加强环境保护科学技术

的研究和开发,提高环境保护科学技术水平,普及环境保护的科学知识(图3-12~3-14)。

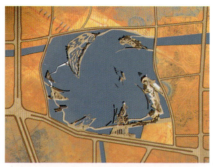 

图3-9 某调蓄湖设计平面 作者:土人景观　　图3-10 某调蓄湖鸟瞰图 作者:土人景观

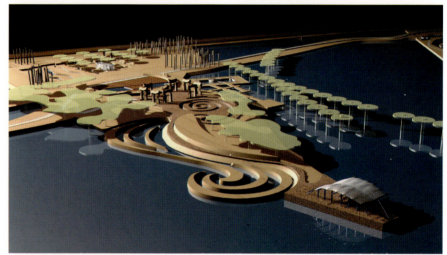

图3-11 某调蓄湖A岛鸟瞰图 作者:土人景观

图3-12 沈阳建筑大学稻田景观

图3-13 沈阳建筑大学

图3-14 沈阳建筑大学内庭

五、资源保护法规

环境与资源保护法的目的是通过防止自然环境破坏和环境污染来保护人类的生存环境，维护生态平衡，协调人类同自然的关系。环境与资源保护法所要调整的是社会关系的一个特定领域，即人们（包括组织）在生产、生活或其他活动中所产生的同保护和改善环境合理开发利用与保护自然资源有关的各种社会关系。这种社会关系包括两个主要方面：

1.同保护、合理开发和利用自然环境与资源有关的各种社会关系。

2.同防治各种废弃物对环境的污染和防治各种公害，如噪声、振动、电磁辐射等有关的社会关系。强调指出环境资源保护法所调整的社会关系的特定领域，是为了说明它是环境与资源保护法区别于其他部门法规的最重要的特征（图3-15～3-17）。

图3-15 三江湿地公园

图3-16 杭州西溪湿地公园

图3-17 川西湿地保护区

六、文物保护法规

文物保护法规是为了加强对文物的保护，继承中华民族优秀的历史文化遗产，促进科学研究工作，进行爱国主义和革命传统教育，建设社会主义精神文明和物质文明（图3-18～3-20）。

在中华人民共和国境内，下列文物受国家保护：

1.具有历史、艺术、科学价值的古文化遗址、古墓葬、古建筑、石窟寺和石刻、壁画。

2.与重大历史事件、革命运动或者著名人物有关的以及具有重要纪念意义、教育意义或者史料价值的近代现代重要史迹、实物、代表性建筑。

3.历史上各时代珍贵的艺术品、工艺美术品。

4.历史上各时代重要的文献资料以及具有历史、艺术、科学价值的手稿和图书资料等。

5.反映历史上各时代、各民族社会制度、社会生产、社会生活的代表性实物。

文物是不可再生的文化资源。国家加强文物保护的宣传教育，增强全民文物保护的意识，鼓励文物保护的科学研究，提高文物保护的科学技术水平，在做景观设计的过程中，对涉及到的文物一定要给予充分的考虑和保护（图3-21、3-22）。

图3-18 龙门石窟

图3-19 法国加尔桥

图3-20 原延安大学窑洞

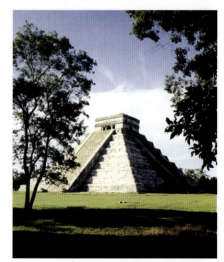

图3-21 墨西哥库若尔甘金字塔

图3-22 智利复活节岛

第二节　最大限度地保护自然资源的生态环保设计原则

一、空气质量、阳光、水质、土质

空气质量、阳光、水质、土质对于生命体而言都是必不可少的资源。而且这些资源在质量和分布上是不均匀的。因而在规划中必须考虑到这些因素。在进行与水道和水体有关的土地利用规划时，应充分利用近水的优越性。土地和那些环抱土地的、流过地面的、渗入表层土壤的、在底下深处流动着的水，是我们最基本的资源。空气、阳光、水质、土质是一个循环往复、层层结合制约的生命圈。破坏任何一个环节都会直接或间接影响到整个循环系统。处置不当，我们会永远失去它。景观设计师在做任何景观设计、规划设计的时候都应该而且必须尊重当地的水系流向、土地性质、采光科学、风向（保护空气新鲜）等特定的因素。在与自然相处的工程中，我们不能以战斗的形式，应以和平相处的方式加以利用和更科学地发展它（图3-23～3-26）。

二、噪音控制

在现代大都市里生活的人，一天所面对的是疾驰而过的汽车的喇叭声，建筑工地上永无休止的搅拌机声，街道门市里播放的流行音乐和广告声，小区院落的垃圾收买声，等等，凡此种种都搅和在人们生活、工作、休闲的场

图3-23　金色滩涂

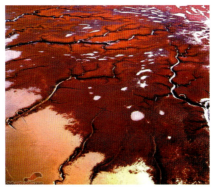
图3-24　中国盘锦红海滩

图3-25　马来西亚海滨

图3-26　杭州西溪湿地公园

所。噪音、噪声就这样穿行于现代人的大都市里，街道是普遍存在的噪声源，其噪声声频的变化直接取决于车流量。卡车及其他重型车辆比重、限速、坡度

大小、出现加速减速停车启动的次数等。在噪声环境中，将建筑排成长行或围合院落，使声音在地面与墙面间回荡是不科学的。无声响反射的墙面会降低噪音水平，但要做成质地致密有效吸音的人工表面墙体却是困难的。纹理细密而较厚的植被可以减噪。而最常见的是，倘若设计师不能在声源处减低噪声，他将首先依靠距离来降低噪声水平。景观设计作为一个兼自然科学与人文艺术于一体的综合性专业，在很多方面都需要多行业多专业的辅助完成，一个成功的设计，它必须是适合大众的，在技术上必须是科学的，在艺术上必须是前卫而可观的（图3-27、3-28）。

图3-27　闹中取静的设计

图3-28　远离城市喧嚣的绿地

三、防止人为造成的视觉光照污染

视觉污染，在现代化的城市中，两种典型的视觉环境让人觉得厌烦，那就是无内容视野和单质视野。人的眼睛就像是一对自动的搜索器，总是处于寻找状态，大约两到三秒就会移动一次，每移动一次总要抓住一些东西。不过在无内容视野的环境里面，人就没有什么可以抓到的具体内容，结果就会出现视觉饥渴。所以住在大城市里的人通常都有过这样的感觉，眼睛明明是看到了很多东西，但却好像什么东西都没看到，空空洞洞的，这就是某些城市里的景观给我们视觉带来的一种无内容视野污染（图3-29、3-30）。

单质视野指的是集中了大量同样成分的视觉环境。比如，在城市中，把同样的东西组合在一个平面上，用同一种格式铺人行道，用同样花色的瓷砖贴一面墙，或是在大厦的墙面上设计全部相同的窗户，同样的设计、同样的风格、同样的感觉，这就是单质视野（图3-31）。视觉生态学家认为，这种千篇一律的东西让人心情不舒畅，甚至会烦躁不安。这是因为人的神经细胞是按照自己的规律在工作，而人的大脑又不喜欢千篇一律的东西。这个世界本来是千变万化的，有春夏秋冬、有高山平原、有丘陵森林、有沼泽沙漠，所以我们置身大自然时会感到身心无比愉悦，而城市是人造出来的，在很多时候，城市棱角分明的几何建筑图景传达给我们的是一种很单调的信息，这样看久了，大脑就会产生烦躁的情绪。一些故意被破坏的现象，像草坪被践踏、栏杆被损毁、墙壁被涂鸦等，一定程度上就是视觉上让人出现单质视野所导致的心理不平衡的结果，去"设计"的人并不觉得他对大自然这一点点变化是破坏性的，就像人们在面临一池平静的湖水时，总会有捡起一块石子投进去的欲望，希望打破这种沉闷的平静，看到湖水泛起波浪（图3-32、3-33）。

视觉生态学家警告我们，视觉污染不能等闲视之，因为它不仅能够导致神经功能、体温、心律、血压等失去协调，还会引起头晕目眩、烦躁不安、饮食下降、注意力不集中、无力、失眠等症状。

光污染，没有光线就没有色彩，世界上的一切都将是漆黑的。对于人类来说，光和空气、水、食物一样，是不可缺少的（图3-34）。眼睛是人体最重要的感觉器官，人眼对光的适应能力较强，瞳孔可随环境的明暗进行调节。但如果长期在弱光下看东西，视力就会受到损伤。相反，强光可使人眼瞬时失明，重则造成永久伤害。人们必须在适宜的光环境下工作、学习和生活。另一方面，人类活动可能对周围的光环境造成破坏，使原来适宜的光环境变得不适宜，这就是光污染。光污染是一类特殊形式的污染，它包括可见光、激光、红外线和紫外线等造成的污染。可见光污染比较多见的是眩光（图3-35～3-38）。

图3-29 上海南京路

图3-30 上海南京路夜景

图3-31 某酒店设计

图3-32 繁杂的街路立面

图3-35 不适宜的光环境

图3-33 不协调的色彩搭配

图3-37 过度的亮化带来的光污染

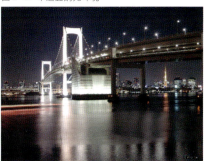

图3-36 亮化应该体现建筑本身的结构美

图3-34 都市夜景

图3-38 眩光是常见的光污染

四、保持生态平衡

生态平衡是一种动态的平衡而不是静态的平衡，这是因为变化是宇宙间一切事物的最基本属性，生态系统是自然界中复杂的实体，当然也处在不断变化之中。例如生态系统中的生物与生物、生物与环境以及环境各因子之间，不停地在进行着能量的流动与物质的循环；生态系统在不断的发展和进化；生物量由少到多，食物链由简单到复杂，群落由一种类型演替为另一种类型等；环境也处在不断的变化中。因此，生态平衡不是静止的，总会因系统中某一部分先发生变化，引起不平衡，然后依靠生态系统的自我调节能力，使其又进入新的平衡状态。正是这种平衡到不平衡又到新的平衡的反复过程，推动了生态系统整体和各组成部分的发展与进化。此外，生态平衡是一种相对平衡而不是绝对平衡，因为任何生态系统都不是孤立的，都会与外界发生直接或间接的联系，经常会遭到外界的干扰（图3-39、3-40）。生态系统对外界的干扰和压力具有一定的弹性，其自我调节能力也是有限度的，如果外界的干扰和压力在其所能承受的范围之内，当这种干扰或压力去除后，它可以通过自我调节能力而修复；如果外界压力和干扰超过了它所能承受的限度，其自我修复能力也就遭到了破坏，生态系统就会衰退，甚至崩溃。例如，草原应该有合理的畜量，超过了最大适宜载畜量，草原就会退化；森林应该有合理的采伐量，采伐量超过生长量，必然引起森林的衰退；污染物的排放量不能超过环境的自净能力，否则，就会造成环境污染，危及生物的正常生活，甚至死亡等（图3-41～3-43）。

图3-39 三江湿地公园

图3-40 三江湿地公园

图3-41 川西湿地

图3-42 云南水稻梯田

图3-43 保持原生态的海滨

第三节　以人为本的设计原则

一、人体工程学的尺度要求

人体工程学又叫人类工程学，是第二次世界大战后发展起来的一门新学科。它以人——机关系为研究的对象，以实测、统计、分析为基本的研究方法（图3-44）。从景观设计的角度来说，人体工程学的主要功用在于通过对于生理和心理的正确认识，使环境因素适应人类生活活动的需要，进而达到提高环境质量的目标。人体工程学在室内设计中的作用主要体现在以下几方面：

1.为确定空间范围提供依据。

2.为景观设计提供依据。

3.为确定感觉器官的适应能力提供依据。

人体工程学作为一门独立的科学，是20世纪才形成的。但自从人类开始制造工具，营造居所开始，就已经有人体工程的因素。因为要满足和适合人体的要求，在工具、用品、建筑设计中必须考虑人的因素，首先是尺寸合适，高低合适，方便使用，设计和制作更应考虑到安全、效率。所以说，人体工程学的发展并不是现代社会的产物。作为现代景观设计中，大到整个城市、广场、休闲地、楼盘，小到一个休息椅、台阶、马路牙子，都应该以人的尺度为本。从视觉、心理、生理、光学、功能性都应该全面考虑。在现代，很多设计师为了表现个人情感的景观设计都有很多不明智之处。

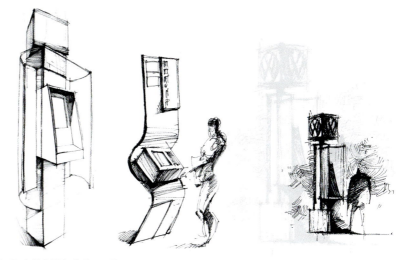

景观设计是艺术性的设计，但一个只可远观不可亵玩的设计是不完善的（图3-45～3-48）。

图 3-45 电话亭设计 作者：王巍

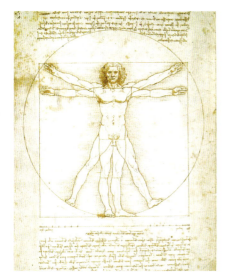

图 3-44 达·芬奇对人体工程学的研究

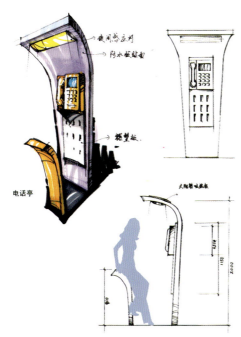

图 3-46 休息座椅 作者：陈凤

图 3-47 电话亭设计 作者：林若彬

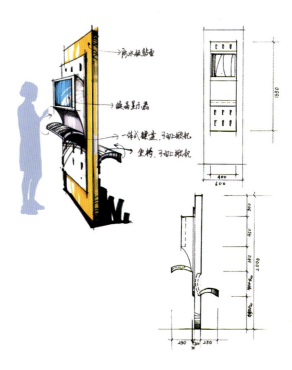

图 3-48 信息岛设计 作者：林若彬

二、安全保障设施

安全措施是景观设计应着重考虑的问题，它体现着对人性的关怀。随着经济全球化的快速发展，城市，特别是大中城市的中心作用日益增强，对安全保障设施的要求也越来越高，越来越明晰（图3-49、3-50）。

三、妇女、儿童、老人及残疾人群的人性化的关怀

有几种人群常去公园或者喜欢去公园，但他们的需要却常不被理解或不能很好地在公园设计中得到体现。这些人包括老人、残疾人、学龄前儿童、学龄儿童和青少年（图3-51、3-52）。

图3-51 盲道设计

图3-49 过街地下通道入口

图3-50 高度适宜的护栏给人安全感

图3-52 儿童的游乐设施要充分考虑安全性

公园使用者中的退休者和老年人，在内城和老郊区的邻里中，老年居住者人数不断增多，他们孤独而且对生活感到厌倦。对他们来说，离开孤零零的房间或住宅到附近的公园中去消磨时光是一种很受欢迎而且花销不大的短期休息。这类人经常独自往返于公园与住所之间，虽然周围有很多同类者，但他们却将一天中的大部分时间花在独自一人默默静坐。对于这些人来说，这不是一生中用于剧烈娱乐活动或积极的社会交往的时期，相反，这只用于反思和对这个身边世界进行观察的时期。但对另一些老人来说，去公园是为了寻找朋友。一个公园如果设计得当并且易于到达，就能满足老年人的交往需求，从而获得固定的老年光顾者（图3-53～3-55）。

由于疾病、事故或年老体衰，每个人都会在其生活的某些方面感到无能为力。身体残疾不应妨碍享受户外生活。体育锻炼与自然环境接触有利于身体创伤的痊愈早已成为共识。当设计者创造了无障碍环境时，这个地方即使对那些没有明显残疾的人来说也更舒适。例如，为轮椅使用者而设计的将路面缘石削平的路面，对于骑自行车的人、玩滑板的人、推婴儿车的人来说都是很方便的。

为儿童提供必要设施的公园现在非常受欢迎。孩子的监护人家长和保姆带年幼的孩子来与其他的孩子们一起玩，同时自己也乐在其中。儿童活动场地通常会变成家长、保姆、同时也是孩子们的社交场所（图3-56、3-57）。

图3-53 残疾人的坡道设计应方便轮椅的使用

图3-55 高度设置可以满足不同使用者身高的需要

图3-56 园区里的儿童天地

图3-54 盲道被设计在扶手边

图3-57 考虑到安全性的地面铺装应采用了柔软的沙土

第四节　以视觉美学基础理论为依据的设计原则

一、建筑空间组合与尺度美学理论

尺度是在建筑美感上的考量,也和比例一样,是为了建立和谐的视觉秩序,比例是要达成建筑物本身的和谐关系,而尺度要追求的是建筑物与周围环境的和谐关系。尺度所关照的美感层面就是建筑物与人的相对关系。建筑师面临许多挑战中的主要项目之一,就是要营造空间,使人们处在不同空间中,有特定的空间感。例如为了营造一个令人敬畏的空间感,来阐扬神的伟大和人的渺小,位于哈尔滨的圣索菲亚教堂,所具有的巨大空间和所有哥特教堂高耸的主殿(图3-58),相对于人在里面的尺度都是非常成功的例子。而建筑师利用其流水别墅中空间的高矮与大小,为业主提供了亲切宜人的尺度。特别在尺度上的拿捏与空间感的塑造,要随着不同的自然环境、不同的区域、不同的使用功能,甚至是不同的高低胖瘦使用者来进行思考,绝非一成不变(图3-59、3-60)。

046

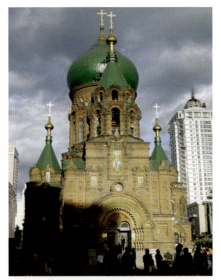

图3-58 哈尔滨圣索菲亚教堂

图3-60 流水别墅

图3-59 流水别墅

二、功能分区,路网分割规划理论

西方发达国家在20世纪50年代到70年代之间,便完成了城市化发展与路网发展,对交通量的生成、合成、分解、交叉等,交通的安全、效率、环境保护等都做了深入的研究,目前我国正处于城市化浪潮之中,大小城市如雨后春笋般发育成长。应特别重视城市规划及路网规划,研究其规律(图3-61)。

现代化城市是一个以人为本,以空间利用为特点,以聚集经济效益、社会效益及生态效益为目标的一个集约人口、集约经济、集约科学文化、集约风土人情的空间地域系统。作为城市规划主框架之一的路网规划(城市功能分区的主要分界线,如山、河、路之一)极为重要,它决定了城市内部及对外的人流、物流、车流、信息流的大格局,是远比交通量大小更为重要的东西。作为路网结点的交叉功能设计不可忽视。我国城市道路分为快速路、主干道、次干道、支路四个等级。城市道路系统的结构形式应该与城市内部交通的分布相配合,使主要交通流向有直接的道路系统,并使其流量大小与道路的等级相一致。应以城市用地规划布局为基础,按短捷、分散、均匀组织交通的要求,形成分区于全市的道路交通系统(图3-62、3-63)。

三、植物种植及园林设计学

按植物生态习性和园林布局要求,合理配置园林中各种植物(乔木、灌

图3-61 美国华盛顿卫星图

图3-62 法国巴黎卫星图

图3-63 北京卫星图

木、花卉、草皮和地被植物等),以发挥它们的园林功能和观赏特性(图3-64)。园林植物配置是园林规划设计的重要环节。园林植物的配置包括两个方面:一方面是各种植物相互之间的配置,考虑植物种类的选择,树丛的组合,平面和立面的构图、色彩、季相以及园林意境;另一方面是园林植物与其他园林要素如山石、水体、建筑、园路等相互之间的配置(图3-65)。

从周围的整体环境来考虑所要表现的园景主题、位置、形式、色彩组合等因素。设计者必须对园林艺术理论以及植物材料的生长开花习性、生态习性、观赏特性等有充分的了解(图3-66、3-67)。

图 3-65 景观设计要充分考虑绿化的组团设计

图 3-66 不同的植物具有不同的习性

图 3-64 高大的乔木可以体现历史的纵深感

图 3-67 整齐的剪形与自然生长的植物相呼应

中國高等院校

THE CHINESE UNIVERSITY

21世纪高等院校艺术设计专业教材

建筑·环境艺术设计教学实录

CHAPTER 4

地域调研与场地分析
景观构想与主题确立
功能分区及路网定位
组织实施设计

景观设计的策划

第四章 景观设计的策划

第一节 地域调研与场地分析

景观设计是一种创造性的活动，设计的外在形式和内容不仅要使使用对象满意，同时还取决于景观设计师在设计过程中的策划、组织以及客观限制要素等。如景观设计所在地的自然因素、当地的人文环境以及材料工艺的发展水平，这些因素都或多或少地影响着景观设计的实施和最终效果。在景观设计的过程中，要充分地发挥主观能动性和创造性，要考虑人们的物质生活需要以及人在精神层面的追求，因此就要求设计师在景观设计的过程中，综合考虑景观设计的各种需要，统一协调解决各种问题（图4-1～4-4）。

一、地域考察与调研

基地考察是景观设计与施工前的重要工作之一，也是协助设计师解决所设计地域的各种问题的重要工作之一，调查的范围包括当地的自然环境，如土壤、气候、温度、湿度等；人文环境如：当地的历史背景、生活习俗、宗教信仰等。在这里要强调的是调查方案的选择，取决于所要实施设计的项目的特性、项目的大小以及时间。在以往的调查研究过程中，往往会出现这种情况：收集到的资料非常的宏观庞大，也许这些资料对该地的科学研究很有学术价值，但对最终的设计方案的设定起不到很大帮助。调查现场主要是为了帮助我们发现亟待解决的问题，并提出相对合理而可实施的解决办法。调查不能代替设计师对设计的独立思考和创造性思维，调查活动不能立即获得设计的方案和要实施设计的方向，也不要在对现场的考察中面面俱细，要做到有针对性的考量，有的放矢，以沈阳2006世界园艺博览会景观设计方案1为例（图4-5～4-9）。

图4-1 与业主就设计进行充分交谈

图4-2 对场地现状进行实地考察

图4-3 沈阳世博园中心湖区现状

050

图4-4 用地现状

设计的思想来源

沈阳是老工业基地，以其重工业闻名全国，人们印象中的沈阳充满了工业的味道。随着社会的不断进步，人们越来越重视生态的发展，越来越重视人与自然的关系，沈阳也将在未来的几年加强绿色工程的建设，改变过去老工业基地的面貌。

主题

工业与自然的共生。过去人们往往更重视工业的发展而忽略了自然。如今人们意识到保护自然的重要性，认识到自然资源的宝贵，在发展工业的同时，更应该加强对大自然的保护，工业的发展应与自然相协调。工业，自然，二者相辅相成，可以共生。

设计说明

本方案为一现代工业园设计，占地约700平方米，棋盘山优越的地理条件赐予了基地美丽的自然环境，为了将自然融入环境当中，方案充分利用了基地现有地形，浓缩了丰富的工业元素，他们有相同的目的，安排风景，作为一个整体运行，并与自然实现完美结合，体现了工业与自然共生的主题。本园最大的特点是充分的利用自然地形创造了一个几何化的三维空间，利用工业材质与自然绿地的相互交错，利用草地树木的剪型和地面层层叠加使空间错落有致，重复而不单调，平静却又理性，形成一个节奏感很强的奇妙世界，设计时考虑了总体上的平衡，他的每一部分并不独立，而是相互制约，相互影响，相互支持，释放能量。

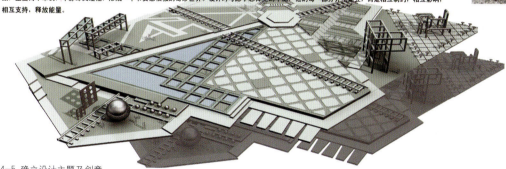

图4-5 确立设计主题及创意

抽象雕塑

休闲空间

思考空间

亲水空间

休息空间

入口

怀旧雕塑

主题雕塑

主广场

抽象雕塑

休息空间

道路铺装示意图

图4-6 规划总平面布局

图 4-7 绿化分析

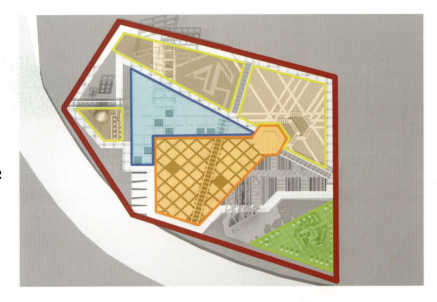

集会空间

亲水空间

休闲娱乐空间

休息空间

图 4-8 功能分析

道路设计

　　主路环绕公园周围，采用无障碍设计，把园中的各个景点联系起来。同时特别的设计了一些曲折的相互交叉的小路，好似沈城繁忙的公路。不同的走向，不同的视觉感受，不同尺度的开放空间，隐藏了一些东西，又展露了一些，使之又成为一个游乐环境。值得一提的是设计者大胆的把整条铁轨铺在地面上。当你走在上面，你会想到什么？是满载货物的货车，还是那震耳欲聋的汽笛声，是那高高的厂房，浓浓的烟，又或者是单纯的童年时光？

主要道路

次要道路

图 4-9 道路分析

图4-10 鸟瞰效果

二、场地分析

经过对场地客观的有针对性的调查，在对景观设计方案的主题确立之前，还要针对现场的调研结果进行深入分析。对地形、气象、地质、地势、方位、风向、湿度、土壤、雨量、温度、风力、日照、面积等自然条件的分析，有助于我们对基地自然景观的了解和对优秀自然资源的利用和保护；对交通、治安、法规、风俗习惯、宗教信仰、历史背景、文化教育等人文条件的分析有助于设计主题的确立；对环境条件的分析还应充分考虑到基地建筑的原有造型、给排水、通风效果、监管维护等因素，如沈阳2006世界园艺博览会景观设计方案2为例（图4-10～4-16）。

图4-11 用地现状

图4-12 创意说明及平面布局

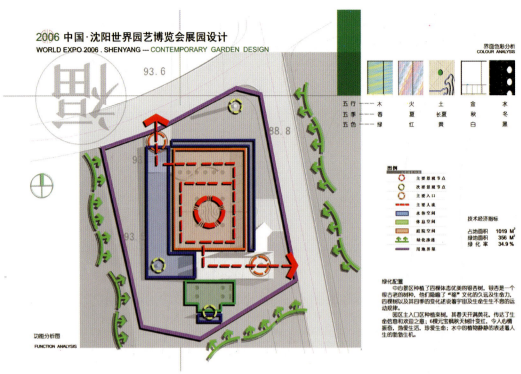

图 4-13 功能分析

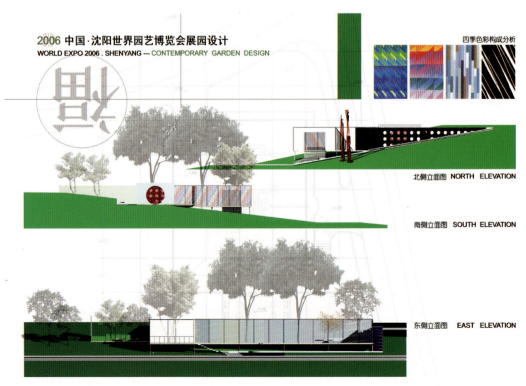

图 4-14 景观立面分析

还有几点要注意的问题：

1. 分析基地所处的环境，由对当地人文条件的分析，了解当地人们对所处环境的感受和理解。

2. 分析所要设计的基地，可为使用者所提供的环境选择幅度的大小。

3. 通过现场的考察和调研作出视觉分析。视觉分析包括对基地的空间分析，周边建筑的表皮以及地面的铺装、天际线和周围的光照环境分析。

深入透彻的场地分析为主题方案的提出和最终方案的落实提供翔实的材料奠定了基础。

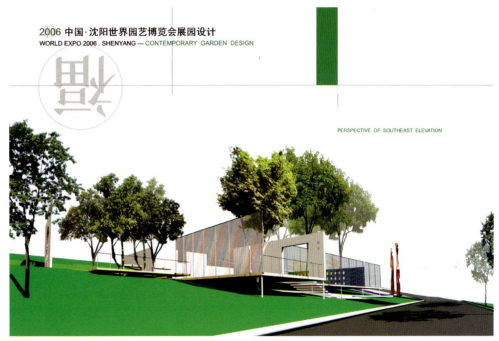

图4-15 透视图

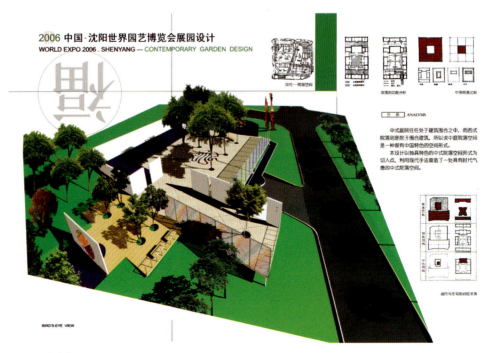

图4-16 鸟瞰效果

第二节　景观构想与主题确立

在进行了相对准确的现场调研分析之后，就需要设计师对这些经过分析的材料进行整合。景观构想的产生是进行景观设计的基础，没有最初的构想和理念的指导，后期的设计工作往往就是无效劳动。设计构想和理念的产生是具有挑战性和创造性的想象活动，可以通过一系列的技术方法来实现。设计思想可以来自于对场地的分析,历史发展文脉的研究，与工作人员、当地人的沟通讨论直接从大众思想的启示中来。具体的可以提取其中的最有价值、最具有地方性特征的文化符号，进行初步景观构想的设立,在对景观构想的确立过程中，尽量让景观受益人的利益得到最大化的保障，同时，还要考虑对当地自然环境的保护，构建和谐的人地关系等方面问题。

对于景观设计主题的提出要考虑以下几个问题：

1.景观设计的主题要具有地方特色，"只有民族的才是世界的"，对本地历史文化的尊重是设计师一种人性精神的回归，同时具有当地历史文化特色的设计主题也会使当地的人们和所设计的景观产生共鸣,使景观设计的成果能真正为需要他的人服务,如沈阳2006世界园艺博览会景观设计方案3为例（图4-17～4-23）。

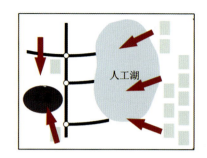

地块定位总体分析

"时空序列"主题园作为2006沈阳世界园艺博览会总体景观规划的构成之一，"景观"与"观景"的同时兼顾会让整个单体园林无论是远观,近看，还是置身其中都能感受到完美的效果。

所谓"景观"，是要充分营造身在园中所体会的节日气氛与强烈的现代感,让游人感受到有序的雕塑、座椅、导向点与无序的树所形成的"时空"对比,是力图把人与景观的相互融合,让人们观赏景观的同时去参与和感受它。所谓"观景"是要让高地的远眺充满独特的个性和美感。是让周围的园和对面高地的园把"时空序列"当作一个整体的景观去欣赏。从而使每个园之间彼此呼应，相互协调。使远景与近景形成互动,相互关照。

空间色彩感受分析

处处鲜艳色彩的零乱使用，必然造成视觉上的杂乱无章和视觉疲劳。让本美好的景观产生视觉的不悦。但热烈的色彩无疑是最具有视觉冲击力的因素，于是我们将园内的竖向空间分为三大半块——视平面空间,仰视空间和俯视空间。将视平面的上下两部分均做单一色彩选择和整合处理，却在视平面空间中做了多角度和大胆的空间色彩运用。呈现出强大的视觉冲击力和吸引力。地面把握在灰色的主色调中，视平面以上的树是天然的绿，让所有对比的色彩都集中在视平面空间附近————多变而不杂乱，丰富却不杂章，更形成了无序中的有序，有序里的无序。

图4-17 用地分析

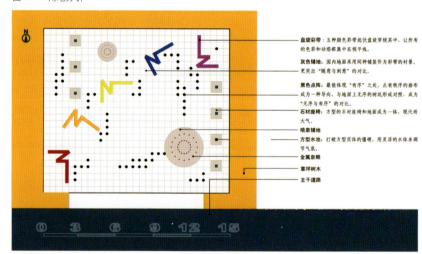

图4-18 平面分析

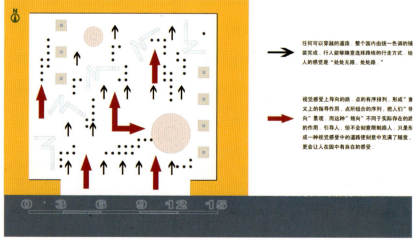

图4-19 交通流线分析

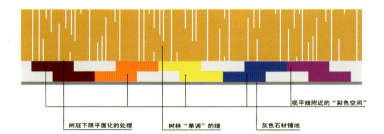

视平线附近的"彩色空间"

树冠下限平面化的处理   树林"单调"的绿   灰色石材铺地

图4-20 空间色彩竖向分析

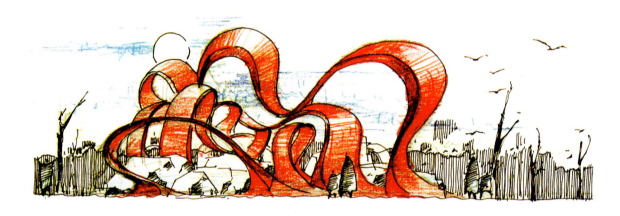

"时空序列"景观中"彩带"方案之二，厚重的块石与轻盈的彩带形成完美的对比，具有视觉冲击力的同时，更象征了幸福美好的生活

图4-21 主体景观雕塑设计

"片片枫叶情"，都市中的森林之旅

图4-22 透视效果

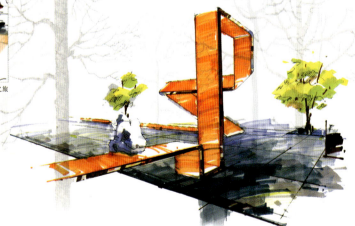

图中"彩带"示意图，打破传统的把雕塑景观与休息设施融合成一个整体。彩色的飘带在林间相互穿梭，我们的心境也随之飞舞

图4-23 景观构筑物设计

2.景观设计的主题要体现对自然的尊重。随着人类对于自然资源过度的人为性的、毁灭性的开发，真正属于我们的土地越来越少，坚硬致密的混凝土代替了混有泥土芬芳的原始土地。人对自然的渴望就更加的迫切，而景观设计在一定层面上就是要满足人的这种对自然的渴望与追求，所以在景观设计主题的内涵中要显露自然，以自然为主，使自然性、生态性成为整个设计主题的中心轴。

3.景观设计的主题内涵是要注重可持续发展的理念，就是对土地的综合利用。可持续的景观设计本质上是一种基于自然系统自我更新能力的再生设计（Regenerative Design, Lyle, 1994）。景观设计的主题要注重保护景观设计的再生能力，要最大限度地借助自然再生能力而进行最少的设计，在这样主题理念的引导下所设计出的景观便是可持续发展的景观，如南戴河国际娱乐中心方案设计（图4-24～4-26）。

图4-24 平面布局分析

图4-25 绿化景观意向

图4-26 局部平面设计

第三节　功能分区及路网定位

一、功能分区组织景观规划骨格

在确立了景观设计的构思及主题的基础上，首先要进行的是功能分区的规划设计。功能分区的规划设计是从宏观着手对景观设计有一个整体性的把握，要分析原有场地的功能分区，是多种功能混合的，还是只有单一功能的，这是由现场调研以及与相关人员研讨而得来的（图4—27、4—28）。

在景观设计中的功能分区规划要注重划分的合理性和相互协调性。所谓合理性，就是在深入分析其同周边环境的基础上，作出合理的功能划分。如果是一个住宅小区的景观设计，做功能分区设计时要考虑设置居民休闲健身的场所；如果是商业区的景观设计，就考虑划分出供商业活动、商业展示的区域（图4—29、4—30）。

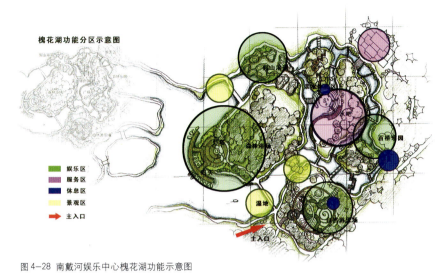

槐花湖功能分区示意图

娱乐区
服务区
休息区
景观区
主入口

图4-28 南戴河娱乐中心槐花湖功能示意图

A　停车场
B　入门广场
C　游乐园
D　玫瑰园
E　槐花湖
F　海滨广场
G　中国江南小镇

图4-29 园区总平面设计

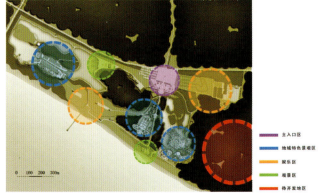

主入口区
地域特色景观区
娱乐区
观景区
待开发地区

图4-27 南戴河娱乐中心平面示意图

园区外快速道路
园区内主道路
园区内次道路

图4-30 主要道路分析

协调性就是指几个不同功能分区之间有所区别而又统一在一个设计主题之下的关系。功能分区的合理性和协调性是组织景观规划设计的必备前提，景观规划设计要有一条中心骨格起指导性的作用，设计的主题就是这条主要的骨格，其他在设计过程中所涉及到的要素和原则都是丰富这个骨格的框架结构（图4-31～4-33）。

图4-31 海滨广场现状及平面分析

图4-32 园区局部平面分析

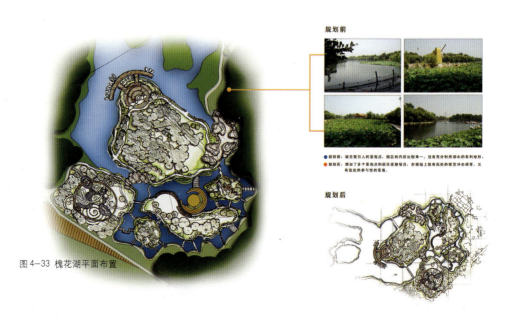

图4-33 槐花湖平面布置

二、路网分析及定位

在设计出功能分区的基础之上，对基地的路网分析及路网的改造和再设置也是极其重要的。

第一，根据现场的调研报告及大量的场地资料图纸、图片作出基地的路网分析。其中的分析内容包括场地周边的道路交通状况及主干道、次干道的原始位置，分析与基地相关的各个道路所通向的目的地及使用频率。做到对设计场地周边的道路状况心中有数（图3-34、3-35）。

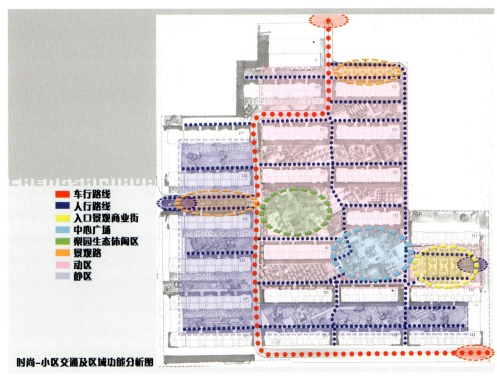

车行路线
人行路线
入口景观商业街
中心广场
梨园生态休闲区
景观路
动区
静区

时尚-小区交通及区域功能分析图

图4-34 小区路网分析 作者：鲁美环艺景观工作室

图4-35 景观平面设计 作者：鲁美环艺景观工作室

第二，根据所设计的功能分区定位出主干道的位置，在设计的过程中要同时考虑周边的公共环境，兼顾到道路的可达性。根据功能分区和初步的景观设计，定位出次干道及游憩小路的位置，要注意不同的用途和不同级别道路的差异性（参看国家相关道路规划设计要求）。在路网定位方面要注意良好的可达性和较全面的功能性，满足不同人群的需要，以沈阳某小区景观设计为例（图4-36～4-38）。

图 4-36 景观立面分析

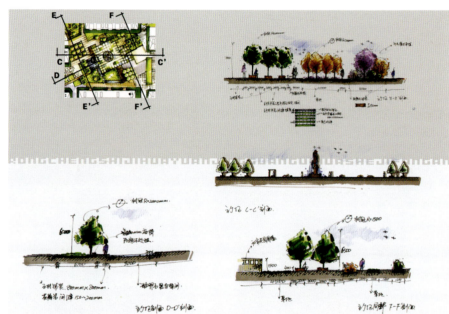

图 4-37 局部景观设计

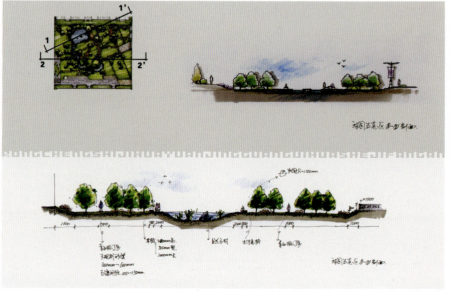

图 4-38 景观立面分析

第四节　组织实施设计

项目能否成功的决定性因素之一就是切实履行项目计划。

首先是图纸设计及各种技术问题定案的阶段。景观设计的基本平面图必须简洁明了，绘制要清晰并方便保存，因为在后期施工过程中要反复用平面图作参考。景观设计的施工图和详图主要是通过图纸来表现，把设计意图和全部设计表达出来（包括做法和尺寸等），作为后期工人的施工依据。图纸作为沟通设计师和施工人员的主要工具，绘制要清晰，能够说明问题，表达准确。对于细部的设计绘制局部详图，它主要是解决构造的法式和具体做法的设计。以上图纸的绘制决定了施工效果的好坏。

其次是材料的选择和施工工艺的可解决性。在考虑到后期景观取得良好的艺术效果的同时，还应该考虑结构的合理性和施工工艺可解决性相统一，材料的选择应本着节约的宗旨，选择要符合坚固耐久、施工方便以及经济合理等条件。

最后，要有良好的组织领导团队精神，以及看得见的成果，都有助于项目的完成，为推动工程项目的顺利实施，要注意影响项目实施的各种因素：

1.驱动性因素。对某些关键环节具有支持作用，促进项目的顺利完成。

2.限制性因素。对项目的实施起限制和阻碍的作用。可对限制性因素

采取措施，减少其对实施过程的影响。要充分地发挥主观能动性，利用驱动性因素为设计的实施服务，如玫瑰教堂规划设计（图4-39～4-45）。

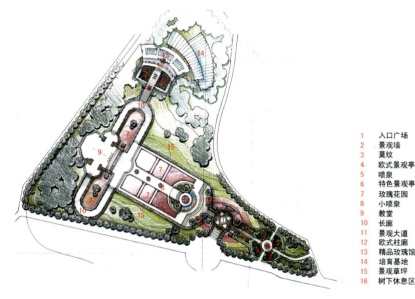

1	入口广场
2	景观墙
3	莫纹
4	欧式景观亭
5	喷泉
6	特色景观亭
7	玫瑰花园
8	小喷泉
9	教堂
10	长廊
11	景观大道
12	欧式柱廊
13	精品玫瑰馆
14	培育基地
15	景观草坪
16	树下休息区

图4-39 总平面图

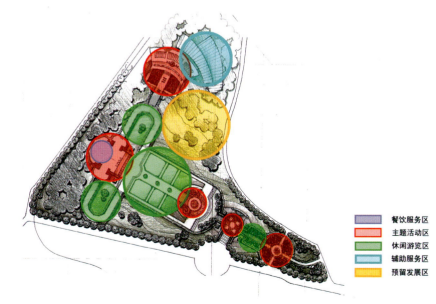

	餐饮服务区
	主题活动区
	休闲游览区
	辅助服务区
	预留发展区

图4-40 功能分析

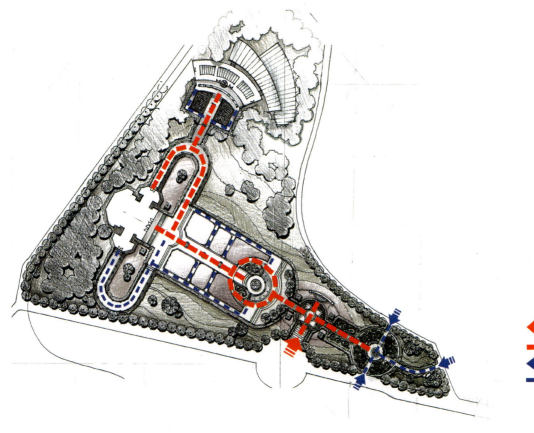

图 4-41 路线组织

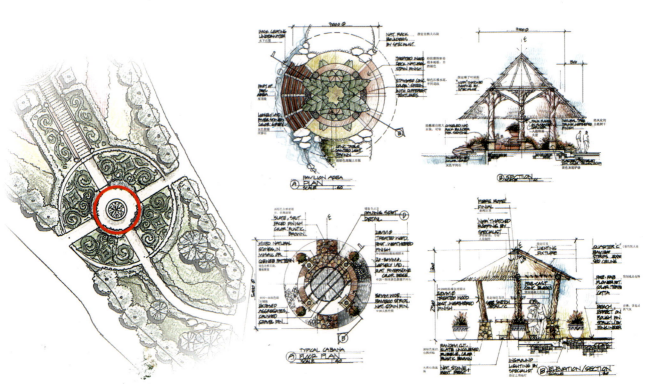

图 4-42 玫瑰教堂规划设计方案及工艺

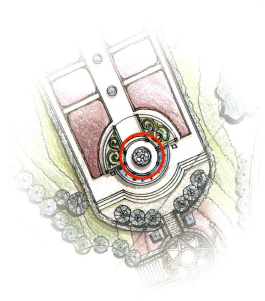

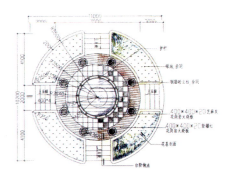

景观亭立面图

景观亭平面图

图 4-43 玫瑰教堂规划设计立面工艺

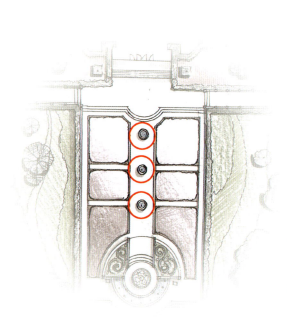

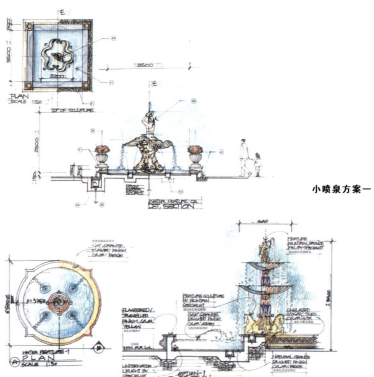

小喷泉方案一

小喷泉方案二

图 4-44 玫瑰教堂规划设计小喷泉实施方案

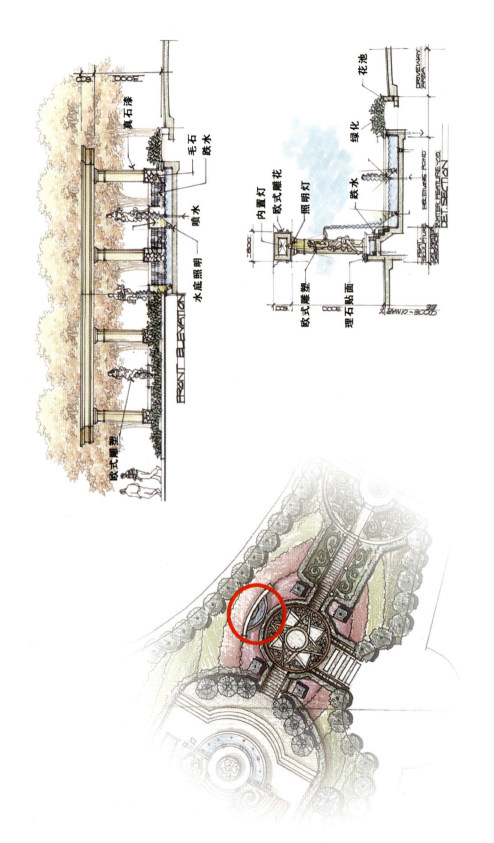

图4—45 玫瑰教堂规划设计景墙剖面

中國高等院校

THE CHINESE UNIVERSITY

21世纪高等院校艺术设计专业教材

建筑·环境艺术设计教学实录

CHAPTER 5

景观天际线和色彩的有序分布

绿化组团与群化意识

景观节奏的把握与景观中的画龙点睛之处

人文景观与自然景观的和谐处理

景 观 设 计 中 常

见 的 设 计 问 题

第五章　景观设计中常见的设计问题

对于景观设计的评价源于人类的精神需求，体现在形式美和内在美两方面。由精神需求延伸出的对景观设计的审美要求包括：自然性、稀有性、和谐性、多数性。在空间上开放结构与闭合结构的联合。时间观察上随季节或年度的变化而变化。设计师要满足人们对景观复杂的审美需求就要从多方面入手，本章中介绍了几个方面。

轮廓，特别是天际线的形态，是简单的直线还是多变的曲线，通常情况下设计师都特别注重天际线的设计，因为它是影响景观设计最终效果的重要因素之一。景观天际线的形成是景观与其周围建筑或空地等环境因素的关系的产物。在设计时要对景观周边建筑的高度及装饰的表皮等做详尽的考察，同时在施工时要遵循国家相关的空管法规（图5-1～5-5）。

第一节　景观天际线和色彩的有序分布

一、景观天际线的变化

看到密林如织的城市景观和空旷开敞的乡村田野，首先出现在人们视野中的不是种的什么树，摆放的是什么样的坐椅和雕塑，而是景观的总体外

图5-1 城市运河景观设计　作者：段治

图5-2 城市剪影

图5-3 城市景观天际线图　作者：段治

图 5-4 迪拜的阿拉伯酒店

图 5-5 城市运河现状

图 5-6 城市夜景亮化

二、光照下的色彩有序分布

色彩的运用在景观设计中也起着至关重要的作用。在设计的过程中要注意以下几个问题：

第一，光照条件下色彩的序列化分布。在设计中要注意色彩搭配的协调性，特别要注意色彩应用的序列性和变化性，使色彩在统一中又有变化。在光照环境下色彩的有序分布更为重要，在不同的光照环境下，色彩的分布规律也不同，在设计中不仅要考虑到白天光照条件下的色彩分布，而且同时也要考虑到夜间灯光照射下的效果（图 5-6 ~ 5-8）。

图 5-7 城市亮化形象 作者：王岩鹏

图 5-8 滨水广场夜景亮化

第二，主色调的确立。不同的色彩所营造的空间氛围不同。如：红色调会营造出一种热烈喜庆的气氛；紫色调会营造出一种优雅的气氛；黑色调会营造出一种神秘的气氛，灰色调则给人一种现代的感觉。另外，不同的景观设计，其主色调也不同。同时还要注意各种色彩在整体色调中所占的比例（图5-9～5-11）。

图5-9 浙江永宁公园

图5-10 浙江永宁公园

图5-11 浙江永宁公园

第二节　绿化组团与群化意识

在景观设计中，绿地系统的设计是不可缺少的，绿化功能是景观设计的主要功能之一。在城市轰轰烈烈的种花种草运动中，由于许多不合理的规划设计方法的实施浪费了许多的绿化资源和绿地空间。在当代中国的景观设计中的绿化要向建造节约型绿地系统的方向迈进，这就要求在设计手法上与传统的方法有所不同，在具体设计中要有群化意识，以组团的方式组织设计。所谓绿化组团与群化意识就是在绿化系统的设计中不再是分散式的设计，要做到有组织的设计，从宏观的角度来组织绿地系统的规划设计，使每一块绿地都不是零散的没有组织的，而是整合成几个大的绿地组团，这样的绿化效果才能达到最佳，对绿地系统资源的节约也起到积极的作用（图5-12～5-16）。

图5-13 盲人无障碍疗养空间 作者：吕鹏

图 5-12 绿色生态小区 作者：张闯

① 嘹望平台
② 触觉园
③ 水疗养沙地
④ 希望之墙
⑤ 长廊
⑥ 嗅觉园
⑦ 听觉园
⑧ 特色风景林
⑨ 儿童场地
⑩ 训练用的沙地
⑪ 训练用的盲道
⑫ 办公楼
⑬ 独立式病房
⑭ 服务中心
⑮ 音乐喷泉
⑯ 普通病房
⑰ 户外疗养草坪
⑱ 综合疗养楼

盲人对绿地、庭园的需求远较敏感于一般人强烈得多。园林植物能释放大量负氧离子，能净化空气、调节气温、吸尘防噪，十分有利于盲人心理和身体的恢复。绿地景观设计要以绿色植物为主，在人的视野中绿色植物占 20% 左右也能消除陪同者的视觉和心理疲劳。因此，无障碍疗养空间的绿化设计首先要平持以绿为主，植物造景的原则，即除了必要的建筑、小品、道路外，其余均应绿化覆盖。

园路的设计多为直线，路的两边多数有扶手，盲人可以通过扶手上的盲文提示了解自己的位置和将要去的区域路线

综合疗养楼是室内娱乐和健身的场所，它的外形属于盒子建筑，简洁美观便于盲人与之相关的一切活动

图 5-14 盲人无障碍疗养空间 作者：吕鹏

图5-15 滨河住宅景观设计 作者：栗夏

图5-16 海洋公园景观 作者：李文冰

第三节　景观节奏的把握与景观中的画龙点睛之处

一、景观节奏的把握

第一，把握景观节奏最直接的方法就是合理的布置景观节点。景观节点是支撑整个景观设计的重要部分，景观节点的密度决定了人们对于景观整体节奏的感受，景观节点的设置要根据人们的心理习惯和行为习惯来决定。中国古典园林设计中就对景观节奏的把握游刃有余，在景观节点的设置上更是曲径通幽，别有洞天（图5-17、5-18）。

第二，分析人的心理习惯和行为习惯，景观设计的本质是为人服务的，所以对景观节奏的把握要以人为本。在设计的过程中设计师要经常考虑诸如：观赏者在这里会左转还是右转，走到这里时会不会因为感到疲劳而想坐下，观赏者走多久才会看见下一个景观节点等问题（图5-19）。

第三，从视觉美的角度把握景观节奏。人们总是爱"以貌取人"，对于景观人们也是如此，先看到景物的外部形态，然后才能身临其境地感受。而外部形态在视觉上给人留下的印象总是决定人们对景观的评价，所以，合理的景观节奏在视觉效果上看也是和谐统一的（图5-20~5-23）。

图5-20 西园倒影楼

图5-18 景观节点的处理

图5-17 庭院入口

图5-21 空间的变化改变景观节奏

图5-19 根据人的行为习惯把握景观结构

图 5-22 某公园景观设计 作者：马克辛

图 5-23 某公园景观设计 作者：马克辛

二、景观中的画龙点睛之处

提到卢浮宫广场你会想到什么？很多人会想到贝聿铭设计的玻璃金字塔。这时的玻璃金字塔就不仅仅是卢浮宫的入口，它还是卢浮宫前广场景观的视觉中心。景观中的亮点也就是画龙点睛之处，同样也是在整个设计过程中需要投入精力最大的部分，它应该代表了整个景观设计的风格和独到之处。它可以是一座标志性建筑或者是具有主题性的景观雕塑。总之，设计的宗旨就是能最大程度地表现景观设计的主题（图5-24、5-25）。

图5-24 法国卢浮宫入口

图5-25 法国卢浮宫入口夜景

第四节 人文景观与自然景观的和谐处理

在景观中一般分为人文景观和自然景观。做到人文景观与自然景观的和谐发展首先要明确它们各自的概念及所涵盖的内容。

自然景观是由自然地理环境要素构成的景观，其构成要素包括地貌、生物植被、水及气候等，在形式上则表现为高山、平原、谷地、丘陵、江海、湖泊等，自然景观是自然地域性的综合体现，不同地理类型的自然景观呈现出不同的地理特点，也体现出不同的审美特点。

人文景观是人们在长期的历史人文生活中所形成的艺术文化成果，是人类对自身发展过程科学、历史、艺术的概括，并通过景观的形态、色彩及其他的构成要素整体地表现出来。人文景观是历史发展的产物，具有一定的历史性、人为性、民族性、地域性和实用性等特点。人文景观的具体构成形式包括：古代建筑、文化遗址、古代城市景观以及民族民俗景观等，而这些构成形式之间又是相互联系和

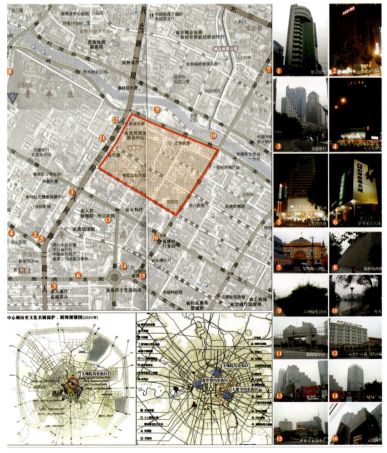

图5-26 区位分析图

相互影响，组成了一个综合性很强的景观。

人文景观和自然景观的和谐发展，首先要有保护意识而不是开发利用意识。例如中国的园林建筑景观，就是人文景观和自然景观和谐发展的典型代表，建筑依附着具有当地特色的自然地貌而建。依照地势、地形、水流设计出亭台楼阁、水榭花亭，使具有历史价值的人文景观与具有当地特色的自然景观相得益彰。这种对自然和人文景观尊重和保护的意识是现代的设计师要学习的。因此说，那些带有毁灭性的开发利用或盲目的"拿来主义"，导致景观不伦不类，是应予以避免的。在植物的配置上要尊重当地的自然环境，多种植适宜生长的乡土植物，而不是依个人的喜好进行树木配制，不尊重自然的后果损失必然是惨重的。所以，人文景观和自然景观的和谐发展最重要的是要有尊重自然、保护自然的意识。

其次，对人文景观和自然景观的保护不仅仅要保护一些看得见的建筑、植物等有形物体，还要对一些无形的但同样重要的景观资源进行保护和发展，如：当地的民俗、宗教信仰、气候、植被等因素，使景观所涵盖的内容更加的丰富多彩，向生态化和多元化的方向发展，如成都文殊院文物保护区的设计（图5-26～5-34）（注：本方案由北京清华城市规划设计研究院与清华大学文化遗产保护研究所联合设计）。

规划景观分析图

- 禅院入口景观节点
- 主要景观节点
- 景观节点
- 传统风格景观界面
- 庙前街景观轴线
- 商业街景观轴线
- 禅院景观片区
- 传统民居景观片区

整个片区的景观系统由两套轴线贯穿起来，一套是保留下来的传统庙前街景观轴线，它联系着片区中三大禅院，并体现出原汁原味的传统庙前街风貌。另一套是新加入的步行商业街景观轴线，它将传统庙前街空间与外围城市空间贯穿起来，形成独具特色的城市景观，并连接片区内各个景观节点。片区内的景观界面由带有传统风格的新建筑围合面成，并在片区中心传统形式与外围城市景观之间形成良好的过渡关系。

图5-27 景观分析图

图5-28 鸟瞰图

图 5-29 近期总平面

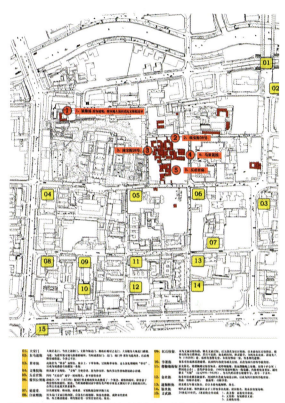

图 5-31 现存文物建筑、历史建筑分布及价值分析图

图 5-30 现状道路交通图

图 5-32 现状景观分析图

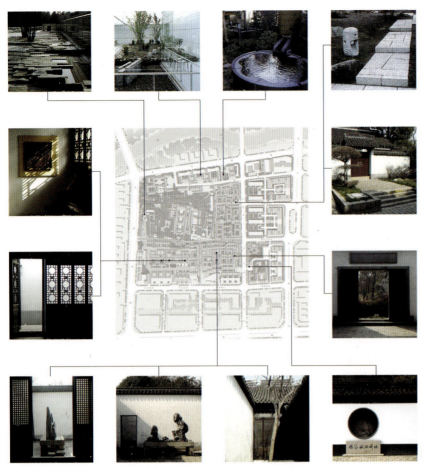

图5-33 禅意空间及小品意向图

图5-34 地块放大

中國高等院校

THE CHINESE UNIVERSITY

21世纪高等院校艺术设计专业教材

建筑·环境艺术设计教学实录

CHAPTER 6

景观是人们心中的一个理想

景观是人类生活的场所、栖息地

景观是地域文化的一部分

景观是超越本质的精神符号

景观是一门系统的综合学科

景 观 设 计 综 述

第六章　景观设计综述

第一节　景观是人们心中的一个理想

现代景观设计学应更多地着眼于普通的人、平常的人。去关心平常人的行为习惯，关心平常人心中的景观理想。不是那些让他们感到恐怖的拥挤的交通或要面对的、体积巨大的办公楼钢筋水泥堆砌；不是那些从这边到那边需要经历漫长步行、等待或烦人的攀爬的地方；不是在炎热或寒冷的铺装空旷地；不是令人乏味而无所事事的地方。人们喜欢穿过舒适、有趣和令人欢愉的道路空间。他们喜欢步行于时窄时宽的蜿蜒小路，喜欢那些颇具魅力的狭小角落和通道，可以休憩、可以交谈、可以观望的空间。

图6-3 德国慕尼黑田园

图6-1 大连阳光广场设计　作者：马克辛

图6-4 奥地利萨尔茨卡默古堡

图6-2 挪威中部雪景

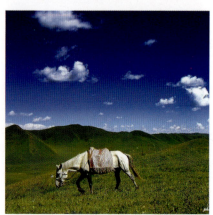

图6-5 川西自然保护区

景观应使人类、建筑物以及他们的生活——同所生活的地球和谐相处。

景观应使平常的人、平常的事、平常百姓生活——同所赖以生存的土地建立亲密的人地关系（图6-1～6-5）。

第二节　景观是人类生活的场所、栖息地

景观设计是为了处理好人与自然的关系问题，土地是人的栖居地，是家园，是生活的场所，景观设计就是为了使人类的生活场所更加美好宜人，使栖息地繁衍生息，兴旺发达。

理想的栖居场所是自然场址和景观环境的最佳组合。这一目标的实现程度可作为衡量居住的好坏以及居者适应性、健康程度的标准。所有人内心深处都隐藏着本能的对户外事物的渴望——渴望土地、石、水以及地球上所有的生命。我们希望亲近它们、观察它们、接触它们。我们需要和自然保持紧密的联系，生活于自然要素和自然环境中，并希望能将自然的气息带入生活地，甚至我们的家园和生活。人们所想要的、所期望的、潜意识里期待的是那些集合空间，有粗木凿刨而成的长椅，充满阳光的开阔空间，斑驳树荫下的浪漫环境。人们所需要的是一种节奏感、紧凑感，一种乐趣、一种变化、一种意外的惊喜，还有一种久违了的说不清道不明的邻里魅力（图6-6～6-8）。

图6-6　中国同里

图6-7　乌镇水乡

图6-8　云南丽江

在现代城市中,景观是居民日常生产与生活的有机组成部分,随着城市的更新改造和进一步向郊区扩展,工业化初期的公园形态将被开放的城市绿地所取代,城市间各种性质用地之间以及内部的机制将以简洁、生态化和开放的绿地形态而蔓延,渗透到居住区、办公区、产业园区内,并与城郊自然景观机制相融合。城市化进程的加速,城市景观的发展与发展的意义将越显重要。景观的发展史就是人类与自然关系的演变史。几千年来,我们祖先就开始摸索如何利用土地,治理土地,在土地上建立人类的生活场所、栖息居住地。现代景观的发展应沿袭祖先的治水、用水、亲水的奥秘,与自然和谐相处的奥秘,与自然共生的奥秘。让景观最终成为人类可以生活、游憩、延续的场所(图6-9~6-13)。

图6-11 模仿自然的城市水系

图6-12 亲近自然的庭院景观

图6-9 亲近自然的古老小镇

图6-10 美国波斯顿公园

图6-13 规则的剪形植被给人不同的自然美感

图6-14 西藏地区常见的佛塔

图6-15 泰国的佛教寺庙

第三节 景观是地域文化的一部分

　　景观设计应始终秉承用一颗尊重自然的心，尊重地域文化的心，尊重足下文化的心，尊重野花野草的心来描写人与土地与自然的诗意。景观设计是地域文化体现的重要部分，是一种地域文化的延续，以科学的方法解读和设计好景观与地域文化的关系是景观设计中的一项重要课题（图6-14～6-16）。

图6-16 安徽民居

在大规模的城市建设、道路修筑、水利以及农田开垦过程中，毁掉了许多弥足珍贵的乡土植物、生物栖息地、水生沼洼地。许多经历了历史沧桑和风雨洗礼的花草树木、山水田园都在城市化的过程中被化装和包装，呈现一片不伦不类的"现代景观"。景观失去了它的源，它的灵魂深处的创伤犹如封建奴隶的卑贱。

中国古代的城市史志中——形胜篇，字里行间透出对区域山水格局连续性的关注和认识。中国古代的城市地理学家们甚至把整个华夏大地的山水格局作为有机的连续体来保护。现代城市景观在面对高速路网的切割，面对河流任意截断、城市盲目扩张造成自然机制景观的破碎化惨不忍睹。景观设计是一场人类文化与自然生态的演绎与升华，是一处地域文化的展示与保护的基地。景观设计在面对诸多问题的情况下，应始终秉承古人治理土地与水土的观念。读懂土地的性质、生命体系、未来发展，将土地上的地域文化宏扬发展，使景观通过地域文化的展示最终融入地域文化的发展中（图6-17～6-20）。

图6-17 中华文明的母亲河——黄河第一湾

图6-19 广岛和平纪念公园

图6-20 具有地方特色的民俗文化

图6-18 万里长江第一湾

第四节 景观是超越本质的精神符号

景观设计通过对特定环境的改造体现出场地特色、地域文化，体现出土地上生物、动物、水系的演变关系与繁衍脉络，它是历史与人文的记录。对土地上的一山、一水、一树、一草符号的理解与解读，使景观最终成为一种超越本质的精神符号（图6-21～6-23）。"给每一条河、每一座山取一个温暖的名字"，这是海子的诗，很平实的一句诗歌，没有华丽的辞藻，就是因为这么平常，每一块石头、每一棵树、每一株草都有它自己的故事，景观设计就是为了讲述它们与人类的故事。组成一个连续的生命系统符号，一种精神传承的符号。

景观设计的精神符号体现在以人为本的基础上，倡导以使用者为本，设计切实给使用群体带来便利的环境。设计的出发点应是多人的多层次需求，包括生理舒适、身心安全、获得尊重、交流交往、实现自我价值等，以普通人的标准对外部世界的感知能力作为决策依据，以人的日常行为、心理、习性、活动规律作为组织空间及细部设计的参考坐标，以最大限度的使用者主观愿望和客观需求作为设计不断前进的目标（图6-24～6-27）。

图6-24 巴底农神庙

图6-25 美国越战纪念公园

图6-21 西藏玛尼堆

图6-23 美国越战纪念碑

图6-26 云南茶马古道

图6-22 智利复活节岛

图6-27 丝绸之路

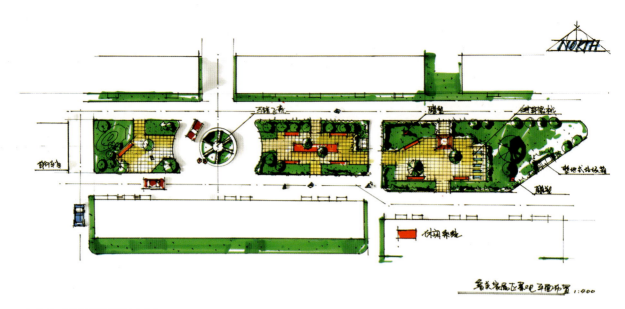

图6-28 校园局部景观设计方案1

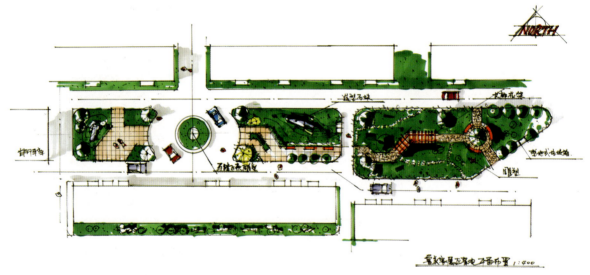

图6-29 校园局部景观设计方案2

第五节　景观是一门系统的综合学科

景观学是一门建立在广泛的自然科学和人文艺术科学基础上的应用科学，核心是协调人与自然的关系。景观设计专业有着自己特殊的要求，设计不仅要掌握广泛的自然科学知识，还要有艺术创造力。景观设计专业涉及面极大，其科学和艺术的二元性都体现得十分突出。二者必须做到同步发展，任何极端的偏离都会出现问题的。景观设计学所包含的理论、技术和艺术内容十分广泛。它不仅建立在植物科学、农学、林学、气候学、土木建筑工程学和社会学、美学、文学艺术的基础上，而且涉及生态科学、环境科学、地理、水文乃至航空遥感、卫星定位等诸多领域，它不仅需要规划、设计，还需要施工、养护、植物培育等各个环节。兼容并包，同步发展。

对于本科教学中学生基本专业技能的培养应着重以下几个方面：

1. 调查分析和研究能力的培养。
2. 景观规划设计及管理能力的培养。
3. 信息技术运用能力的培养。
4. 表达能力的培养。
5. 其他能力的培养（创意能力、自学能力度）。

通过多方面能力的培养，提高学生对综合类学科的把握能力。只有知识结构的宏观化、多元化，才能有利地把握城市景观这个复杂与开放的巨大系统，以鲁迅美术学院校园改造方案为例（图6-28～6-34）。

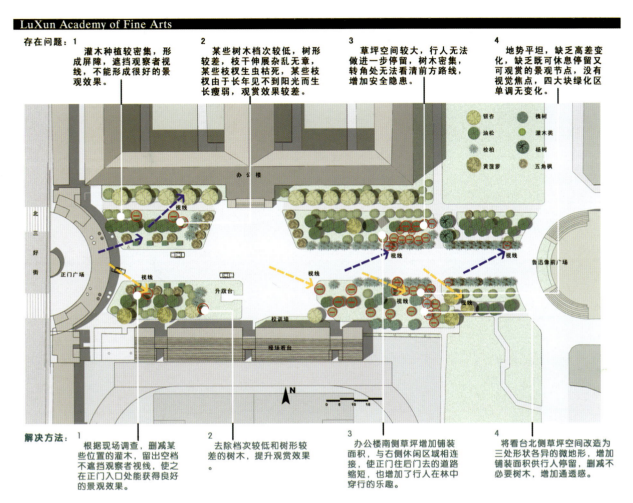

存在问题：1 灌木种植较密集，形成屏障，遮挡观察者视线，不能形成很好的景观效果。

2 某些树木档次较低，树形较差，枝干伸展杂乱无章，某些枝杈生虫枯死，某些枝杈由于长年见不到阳光而生长瘦弱，观赏效果较差。

3 草坪空间较大，行人无法做进一步停留，树木密集，转角处无法看清前方路线，增加安全隐患。

4 地势平坦，缺乏高差变化，缺乏既可休息停留又可观赏的景观节点，没有视觉焦点，四大块绿化区单调无变化。

解决方法：1 根据现场调查，删减某些位置的灌木，留出空档不遮挡观察者视线，使之在正门入口处能获得良好的景观效果。

2 去除档次较低和树形较差的树木，提升观赏效果。

3 办公楼南侧草坪增加铺装面积，与右侧休闲区域相连接，使正门往后门去的道路缩短，也增加了行人在林中穿行的乐趣。

4 将看台北侧草坪空间改造为三处形状各异的微地形，增加铺装面积供行人停留，删减不必要树木，增加通透感。

图6-30 校园现状问题分析

图6-31 校园前广场平面方案

图 6-32 景观意向表述

图 6-33 剖面图

090

图 6-34 校园景观意象

中國高等院校
THE CHINESE UNIVERSITY

21世纪高等院校艺术设计专业教材
建筑 · 环境艺术设计教学实录

CHAPTER 7

教学大纲
实践教学成果实录

景观设计实
践教学实录

第七章　景观设计实践教学实录

第一节　教学大纲

一、本课程的教学目的

通过本单元课程的理论讲述和课题训练，使学生掌握景观设计的基本概念，景观设计过程的分析与把握，景观元素构成及评价。了解景观设计所涉及的范围，以及景观设计与相关学科的关系。环境景观与城市设施包括建筑、街道、交通之间的关系。理解和掌握环境景观设计的构成要素以及相互关系。通过概念性的方案设计与构思，启发学生的创造性思维；并结合实践性的方案设计，使学生由浅入深地掌握环境景观设计的方法，真正做到理论联系实际，培养出具有较高素质的环境景观设计人才。

二、本课程的教学重点与难点

本课程的教学重点是运用相关学科的研究成果，从人的视觉感受、行为心理习惯及心理需求入手，从事特定景观专题设计。培养学生分析的能力，重点强调设计的过程即独特的分析过程，提出具有创造性的设计提案。

难点：基本原理的灵活运用。分析

能力和创意思维能力的培养。

三、本课程的成果完成要求

本课程要求学生在完成理论学习的基础上，对景观设计所涉及的某一课题进行专项设计，比如居住区景观设计、城市广场景观设计、城市滨水区景观设计等。要求学生在课题的准备上调研充分，分析思路清晰、完整，并在此基础上完成该课题的设计。

第二节　实践教学成果实录

一、居住区景观设计

居住区景观设计是景观设计重要的组成部分，通过居住小区的景观设计，可以培养学生调查分析问题的能力与综合设计的能力，同时可以广泛了解国内外优秀居住区景观设计的基本手法，巩固和加深对居住区景观设计原理以及城市居住区景观设计规范的学习。做到理论联系实际，反映居住环境的社会、经济、历史空间艺术的内涵，充分发挥想象力、创新力，对地方文化、居住模式、生态环境等深层次问题有所探索和创意。努力营造

"人、居住环境、城市"协调发展的人类居住社区环境。

1.作业实例一（图7-1～7-7）。
作者：2003级 邹春雨
2.作业实例二（图7-8～7-17）。
作者：2003级 王巍
3.作业实例三（图7-18～7-30）。
作者：2003级 周文勇

图 7-1

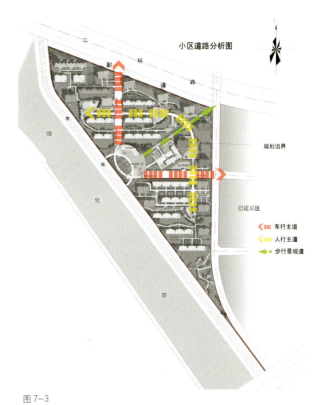

图 7-3

图 7-2

图 7-4

图7-5

图7-6

图7-7

居住区技术经济指标名词解释

1. 居住区总用地：小区内住宅、别墅、公建、道路广场、公共绿化等全部用地面积之和。

(1)住宅建筑总用地：小区内住宅建筑实际用地面积之和(含宅间绿地和宅旁小路等)；

(2)公建总用地：小区内为居民服务和使用的各类设施的用地总和(包括建筑基地占地及其所属场院、绿地和配建的停车场等)；

(3)道路广场用地：小区道路、组团路及非公建配建的居民小汽车、单位通勤车等停放场地；

(4)庭院绿化用地：小区内供居民共享的游憩活动绿地。包括居住区公园、小游园和组团绿地以及其他块状带状绿地等。

2. 其他用地：除居住小区用地以外的各种用地，包括非直接为本区居民配建的道路用地、其他单位用地、保留的自然村或不可建设用地等。

3. 总建筑面积：小区内住宅、别墅、公建及其他建筑之和。

4. 居住人口数：小区内的规划人口数(按3.5人／户计算)。

(1)人口毛密度：每公顷居住小区用地上容纳的规划人口数量(人／ha)；

(2)人口净密度：每公顷住宅用地上容纳的规划人口数量(人／ha)；

(3)建筑面积毛密度：指小区内各类建筑的总建筑面积与居住小区总用地之比(m²／ha)；

(4)住宅建筑面积毛密度：指小区全

部住宅建筑(别墅)的建筑面积之和与居住小区总用地之比(m²／ha);

(5)住宅建筑面积净密度:指小区全部住宅建筑(别墅)的建筑面积之和与住宅建筑总用地之比(m²／ha);

(6)容积率:指小区内各类建筑的总建筑面积与居住小区总用地面积之比;

(7)小区内各类绿地面积的总和占居住小区总用地的比率(％)——绿地率。

5.住宅最高层数:指小区内层数最多的单体住宅建筑层数。

(1)住宅平均层数:小区内住宅总建筑面积与住宅基底总面积之比值;

(2)高层住宅比例:指小区内层数大于10层的住宅的全部建筑面积与住宅总建筑面积之比率(％)。

6.居住总户(套)数:小区内规划的全部住宅与别墅居住户(套)数之和。

平均每套建筑面积:小区内住宅(别墅)总建筑面积与住宅(别墅)总户(套)数之比值(m²／套)。

7.小区总投资:小区内住宅、别墅、公建、室外工程及其他工程直接投资之和(不含征地、各种增容集资和工程建设其他费用)。

图 7-8

图 7-9

图 7-11

图 7-12

图 7-10

图 7—13

图 7—14

图 7—15

图 7—16

图 7—17

● 本课程学时分配及安排

序号	章节(阶段)内容	学时
1	居住小区景观设计要点（理论讲课）	8
2	市内参观考察（考察实践）	6
3	小区景观结构设计（理论讲课、课堂设计）	8
4	住宅建筑选型与设计（理论讲课、课堂设计）	6
5	小区总体景观规划设计，完成草图1（课堂设计）	6
6	交流、讲评草图1（讲评、课堂设计）	6
7	修改总体方案（课堂设计）	6
8	组团放大设计（课堂设计）	6
9	小区中心设计及小区街景立面设计（课堂设计）	6
10	小区整体环境设计（课堂设计）	6
11	小区总体规划方案深化、完善、完成草图2	12
12	交流、讲评草图方案2（理论讲课、讲评、课堂设计）	6
13	调整修改总体方案，完成说明书技术经济指标核算（理论讲课、课堂设计）	12
14	完成居住小区景观规划设计的上版草图（课堂设计）	6
15	设计周绘制正式成果图	12

图7—22

图7—23

图7—24

图 7—18

图 7—20

图 7—19

图 7—21

图 7—25

图 7—26

图 7—27

图 7—28

图 7—29

图 7—30

二、城市广场景观设计

城市广场不仅是一个城市的象征，人流聚集的地方，而且也是城市历史文化的融合、塑造自然美和艺术美的空间.因此，城市广场特别是城市中心广场，是一个城市的标志，是城市的名片。一个城市要令人可爱，让人留恋，它必须要有独具魅力的广场，广场的规划建设调整了城市建筑布局，加大了生活空间，改善了生活环境质量。因此，规划设计好城市广场，对提升城市形象、增强城市的吸引力尤为重要。广场景观设计也是景观设计重要的组成部分，通过对广场景观设计的学习，广泛了解国内外优秀的广场设计典范和设计手法，使学生对广场这一人性化场所有一定的了解，树立空间尺度概念，结合景观设计的基本理论知识，能够基本掌握设计流程和设计内容，使学生不但可以掌握广场景观设计的理论知识，还可以与实践相结合，使之具有一定的设计能力。

广场景观的设计不仅要有特色、视觉美感等要求，而且要具有人性化的设计因素贯穿其中，广场中的景观不仅仅是要给人观赏的，更要使人能参与其中，做到景观能真正的为人服务，是本次设计作业要达成的目标之一。

1.作业实例一（图7-31～7-37）。

作者：2002级 高颖

2.作业实例二（图7-38～7-46）。

作者：2003级 曹蕾

102

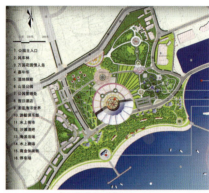

图7-31

图7-32

图7-36

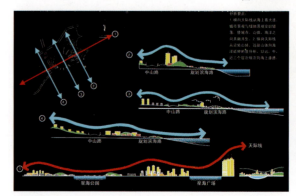

图7-33

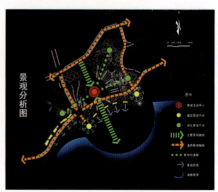

图7-34

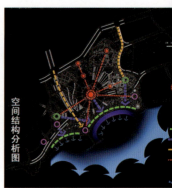

图7-35

图 7-37

利用大连沿海优势组建的大连国际游艇俱乐部，是大连旅游业国际化的又一体现。

中心广场周围的景观设计与周围环境相协调，营造自然、和谐的气氛。在保留和维护原有绿化的同时，加入新的绿化因素，使人们置身于自然的怀抱。

"嘉年华"游乐园中心广场——保留原有经典、热门娱乐设施。广场以休闲、观海为主要功能，满足人们亲海需求。打造海上"嘉年华"，使其成为我国滨海地区知名度最高、设施最完善、规模最大的水上娱乐中心。

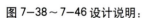

图 7-38

104

图 7-38～7-46 设计说明：

市府广场位于沈阳市区中心地段。是由城市中轴——青年大街与府后巷、惠工街、小西路延长线围合而成的，东西长 185m，南北长 322m，占地 6.14 公顷的长方形广场。是沈阳市政府所在地，周围有省科技大厦（火炬大厦）、电信局、中银大厦及艺术中心、博物馆等建筑，是沈阳的政治、金融、科技、文化中心。

以火炬大厦作为该地区的视觉焦点，整体建筑群以火炬大厦为中心，高层点不宜过多，避免区域高层建筑群的纷乱混杂。沿青年大街建筑应尽量多退后道路红线，形成较为开敞的空间。建筑外墙色彩以温暖的浅色为主体，限制高反光的蓝、绿色玻璃和冷僻的重色墙面，规划用地性质为办公材料，减少采用太过跳跃或压抑的色泽。

图 7-39

图 7-40

图 7-41

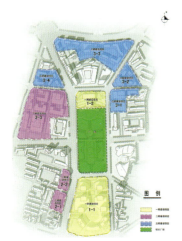

图 7-42 分期建设图

图 7-44 交通分析

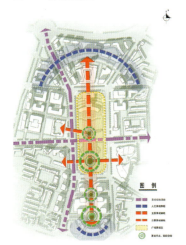

图 7-43 景观分析

图 7-45 功能分析

图 7-46

三、城市滨水景观设计

城市滨水地带的规划和景观设计，一直是近年来的热点。滨水区设计的一个最重要特征，在于它是复杂的综合问题，涉及多个领域。作为城市中人类活动与自然过程共同作用最为强烈的地带之一，河流和滨水区在城市中的自然系统和社会系统中具有多方面的功能，如水利、交通运输、游憩、城市形象以及生态功能等。因此，滨水工程就涉及航运、河道治理、水源储备与供应、调洪排涝、植被及动物栖息地保护、水质、能源、城市安全以及建筑和城市设计等多方面的内容。这就决定了滨水区的规划和景观设计，应该是一种能够满足多方面需求的、多目标的设计，要求学生能够全面、综合地提出问题，解决问题，综合建筑学、艺术、城市规划、地理学、生物学和生态学等多学科的知识，提出更完善的解决方案。

1. 作业实例一（图7—47～7—54）。

作者：2003级 段冶

2. 作业实例二（图7—55～7—59）。

作者：2003级 方恒远

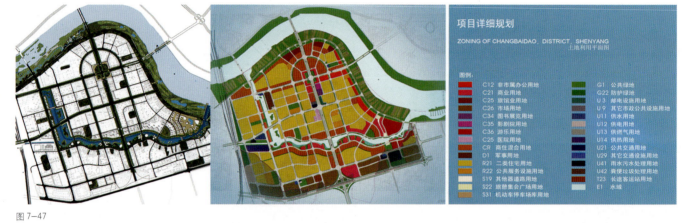

图7—47

图7—48

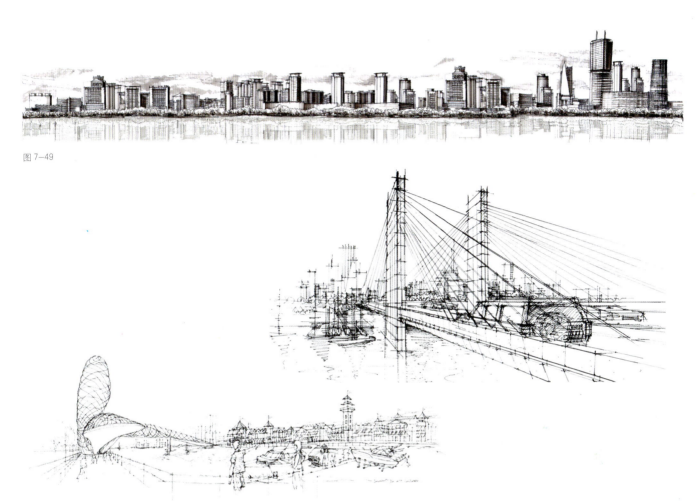

图 7—49

图 7—50

图 7—51

图 7-52

湿地

0.7M

内河剖面图

图 7-53

图 7-54

108

图 7-55～7-59 设计说明:

一个有品位的城市,不能没有河,就像塞纳河之于巴黎,泰晤士河之于伦敦,黄浦江之于上海,浑河之于沈阳。如果说,美丽、古老的浑河是上天赐予沈阳的一条生机勃勃的蓝色巨龙,那么长白岛就是巨大的眼睛——画龙点睛,全因龙目出神。浑河的精华就在长白岛。长白岛位于沈阳浑河和平段南岸,隶属于东北经济第一大区和平区,与老城区隔河相望。距东北地区第一商业街——太原街仅4公里,东西4.2公里,南北3.7公里。规划总面积11平方公里,规划人口17.5万人。距沈阳高速公路南出口2.5公里,距桃仙国际空港8公里,距大连港350公里。通过"一环五射"的完整高速交通网,长白岛与沈阳周边百万人口以上的6个城市已经形成了经济圈,对外交通极为便利。长白岛得天独厚的滨水区位,和平区委、区政府因势利导,科学规划,大胆决策,大手笔地将区内现有的20米宽灌渠拓宽百米,两端与400米宽的浑河相连,形成总长10条公里的环形水系,长白岛由此而得名。长白岛成为我国省会城市中名副其实的第一岛。自然、生态、和谐。现代的"水木之都"是我们开发建设长白岛的最新目标。

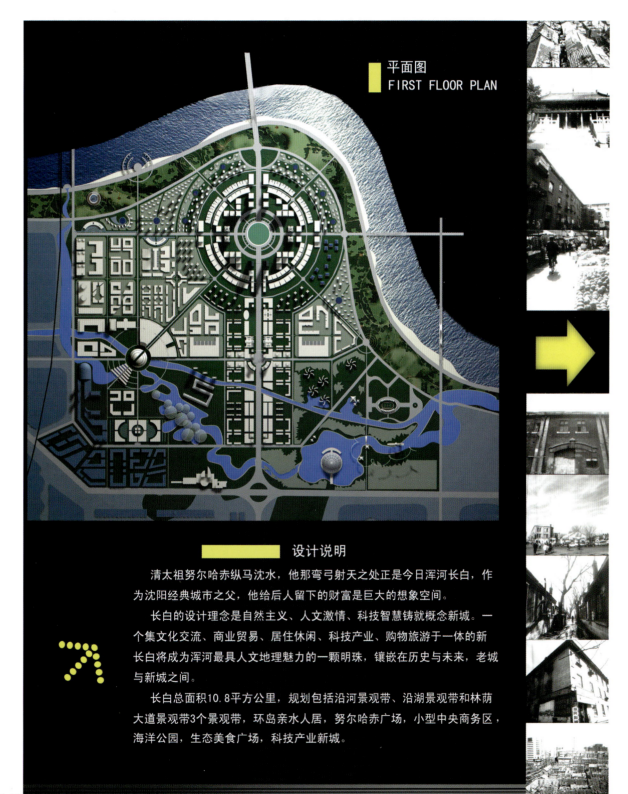

平面图
FIRST FLOOR PLAN

设计说明

清太祖努尔哈赤纵马沈水，他那弯弓射天之处正是今日浑河长白，作为沈阳经典城市之父，他给后人留下的财富是巨大的想象空间。

长白的设计理念是自然主义、人文激情、科技智慧铸就概念新城。一个集文化交流、商业贸易、居住休闲、科技产业、购物旅游于一体的新长白将成为浑河最具人文地理魅力的一颗明珠，镶嵌在历史与未来，老城与新城之间。

长白总面积10.8平方公里，规划包括沿河景观带、沿湖景观带和林荫大道景观带3个景观带，环岛亲水人居，努尔哈赤广场，小型中央商务区，海洋公园，生态美食广场，科技产业新城。

图 7—55

图 7-56

图 7-57

林荫大道

林荫大道是长白新区主干道，贯穿整个长白新区，沿线公路景观带，驾驶者不会感到视觉疲劳，而且对于路旁的行人来说也会有一望无际、宽松舒适的感觉。大道位于长白新区中轴线，连接着南北的经济和文化，起到了纽带的作用。

图 7-58 透视图

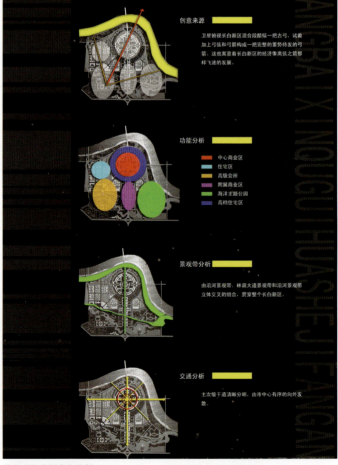

创意来源

卫星俯视长白新区混合段酷似一把古弓，试着加上弓弦和弓箭构成一把完整的蓄势待发的弓箭，这也寓意着长白新区的经济像离弦之箭那样飞速的发展。

功能分析

■ 中心商业区
■ 住宅区
■ 高级会所
■ 附属商业区
■ 海洋主题公园
■ 高档住宅区

景观带分析

由沿河景观带、林荫大道景观带和沿河景观带立体交叉的组合，贯穿整个长白新区。

交通分析

主次级干道清晰分明，由市中心有序的向外发散。

图 7-59 空间意向分析

中國高等院校
THE CHINESE UNIVERSITY
21世纪高等院校艺术设计专业教材
建筑·环境艺术设计教学实录

CHAPTER 8

学生作品
景观设计表现

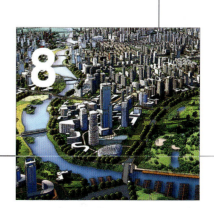

作 品 欣 赏

第一节 学生作品

广场方案设计

流域现状

周边地域关系分析

区位分析

广场方案设计

鸟瞰图

用地规划

现状分析图

为桥北组团、红山工业组团、松山组团、旧城组团、八家组团、小新地组团）。规划桥北组团为高档住宅组团，城市形态以低层低密度为主。松山组团及旧城组团为原老城区，规划保留原有城市形态和肌理，以多层建筑空间为主，营造都市氛围。规划充分考虑城市与水的互动，提出"破界"的概念，即打破原有城市与水的界限。

在核心滨水区设置亲水广场与公共设施，进而形成滨水区的重要节点。八家组团和小新地组团作为城市的新区，规划在滨水区引入城市重要功能和新兴业态建设标志性建筑，打造未来赤峰市的商务中心区（CBD），成为赤峰市经济、文化中心新的增长点。

点评：该设计方案是2002级学生张琳琳同学的毕业设计作品，该作品是赤峰市锡伯河滨河景观带的规划设计，应该说，时下滨水区景观带是一个很热门的课题，城市生态化的观点越来越多地为人们所接受。作者从城市定位、区域分析、地域文化、城市发展演变等多方面进行分析整合，并提出"破界"的概念。作品表述完整，设计可实施性较好，具有一定创新意义。

本方案为锡伯河滨河景观规划设计，力求通过锡伯河景观带的设计，强化赤峰市的带形组团式结构，并积极引导城市核心功能向锡伯河滨水区聚集。所谓的带形组团式结构即一带、六组团（一带：即锡伯河风光带；六组团：

● 作者：2002 级 张琳琳

鸟瞰图

总平面图

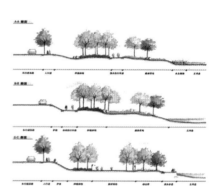

景观断面分析

中心区景观平面图

松山公园规划图

● 作者：2003 级 董玉珠

自然人居 中国 * 沈阳方迪生活地带园区规划设计

2007 环境艺术系毕业作品展
2007 GRADUATED DESIGN EXHIBITION

ZIRANRENJU ZHONGGUO*SHENYANGFANGDISHENGHUODIDAIYUANQUGUIHUASHEJI

景观建筑表现01The view building express 01

景观建筑表现02The view building express 02

中心广场断面，主要街景立面图

景观建筑表现05 The view building express 05

景观建筑表现06The view building express 06

景观建筑表现08The view building express 08

● 作者：2003级 董玉珠

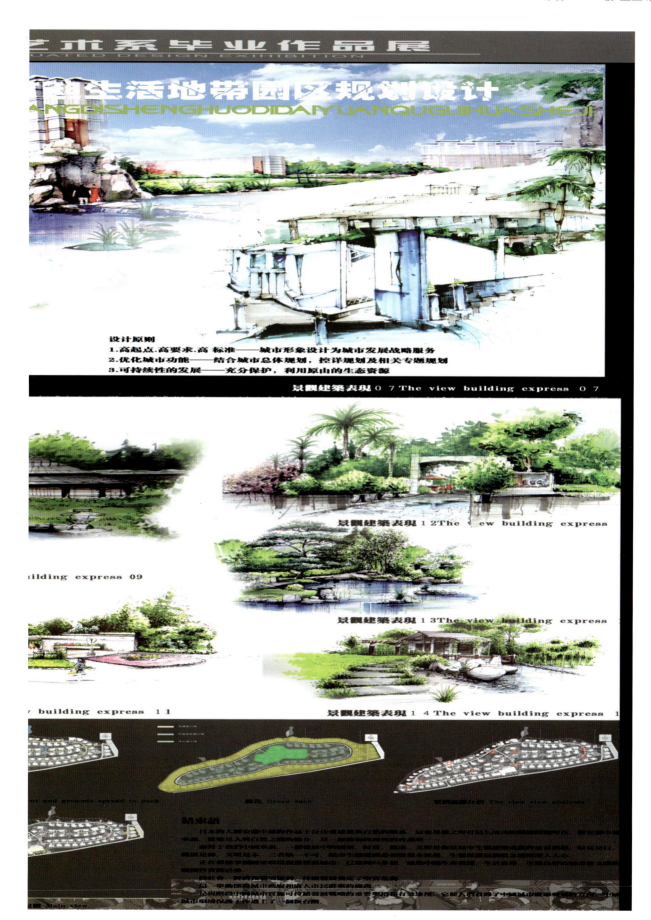

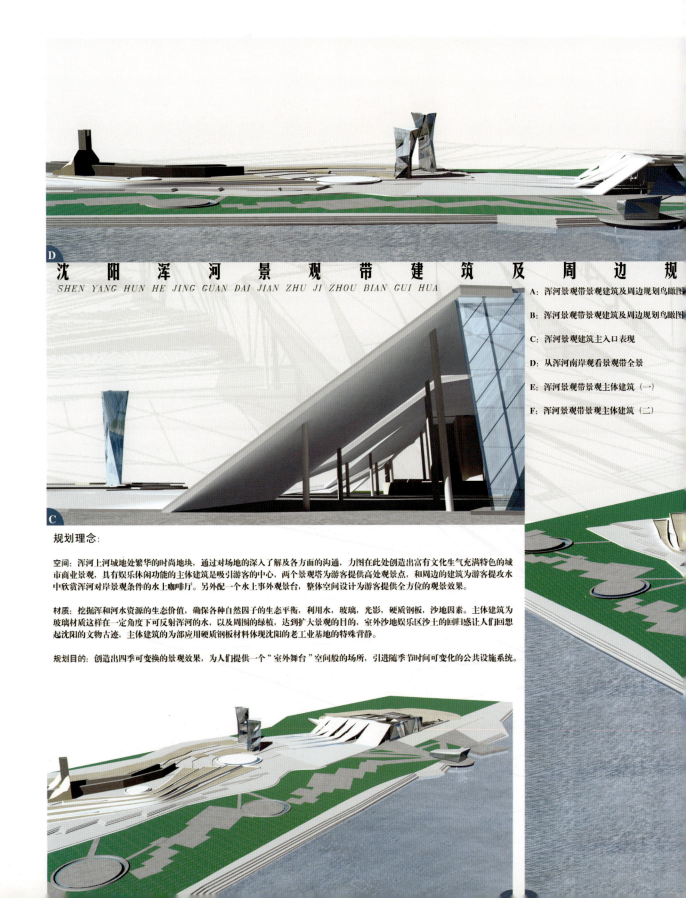

沈 阳 浑 河 景 观 带 建 筑 及 周 边 规
SHEN YANG HUN HE JING GUAN DAI JIAN ZHU JI ZHOU BIAN GUI HUA

D

C

A: 浑河景观带景观建筑及周边规划鸟瞰图

B: 浑河景观带景观建筑及周边规划鸟瞰图

C: 浑河景观建筑主入口表现

D: 从浑河南岸观看景观带全景

E: 浑河景观带景观主体建筑（一）

F: 浑河景观带景观主体建筑（二）

规划理念：

空间： 浑河上河城地处繁华的时尚地块，通过对场地的深入了解及各方面的沟通，力图在此处创造出富有文化生气充满特色的城市商业景观，具有娱乐休闲功能的主体建筑是吸引游客的中心，两个景观塔为游客提供高处观景点，和周边的建筑为游客提攻水中欣赏浑河对岸景观条件的水上咖啡厅。另外配一个水上事外观景台，整体空间设计为游客提供全方位的观景效果。

材质： 挖掘浑和河水资源的生态价值，确保各种自然因子的生态平衡，利用水，玻璃，光影，硬质钢板，沙地因素。主体建筑为玻璃材质这样在一定角度下可反射浑河的水，以及周围的绿植，达到扩大景观的目的，室外沙地娱乐区沙土的回归感让人们回想起沈阳的文物古迹，主体建筑的为部应用硬质钢板材料体现沈阳的老工业基地的特殊背静。

规划目的： 创造出四季可变换的景观效果，为人们提供一个"室外舞台"空间般的场所，引进随季节时间可变化的公共设施系统。

● 作者：2002级 宋蕾

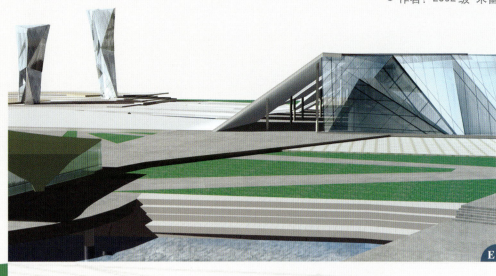

绝对体验过程：沈阳因地处浑水北岸而得名。沈阳原始叫方城，有着丰富的历史沉淀如一宫两陵，清太祖奴尔哈赤陵，昭陵锡箔族家庙等丰富的历史沉淀。是重工业城市，以装备制造业为主
沈阳市"金廊工程"的九个节点，泛五里河地区含盖了大部分。五里河地区即位于城市金廊的龙头的地段，又是浑南开发区进入城区的重要通道，同时又紧邻桃先机场。

论：古迹----工业------体育休闲

浑河两岸建成集自然，休闲，娱乐，防洪为一体的观光旅游带。

限制：五里河景观带是一条线性轨迹，空间文章很难把握。河面窄，更突出了北方少水的不足。风大，整体给人荒芜感。

充分利用环境的体态外显建筑形态：如舞台布景一般创造可变风景，立体主义与城市雕塑引入古迹文化特征。四季就是不断变化的画面，利用玻璃反射湖面扩大水体面积。利用水的形式创造
观。基地开阔，舒展面宁静，蓝天，阳光，风自然使我希望这里的设计由人工造景逐渐与自然景观融合。甚至达到与城市统一。我们可以用造园艺术来解读景观是我们在新世纪的审美议程。

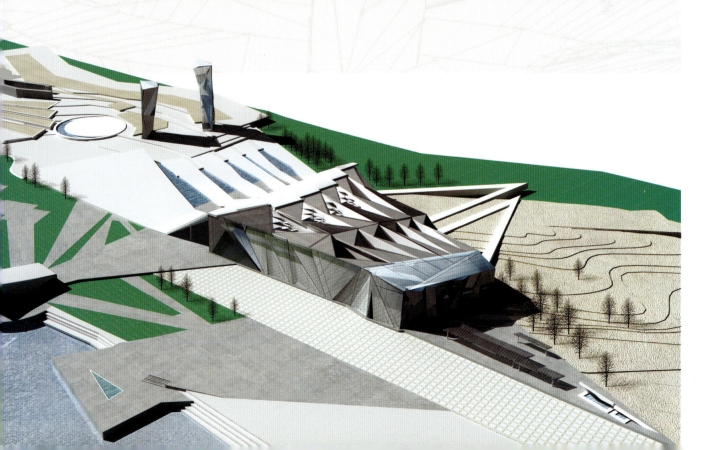

● 作者：2003级 吕鹏

盲人无障碍疗养空间

路线分析

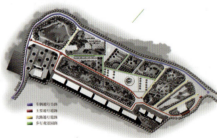

- 车辆通行分析
- 主要通行路线
- 次路通行路线
- 步行观法路线

功能分区

- 入口广场区
- 水体区
- 探索区（触觉园、嗅觉园、味觉园）
- 绿地疗养区
- 病院区
- 康复养生区
- 办公区

城市无障碍设施现状分析：

我国无障碍设施建设起步较晚、起点低的情况下取得了较大的发展，存在显著成绩。多数城市的干道、主要商业街、广场、医院等建筑，程度不同地建设了无障碍用地；城市住老小区的无障碍设施也开始起步。我国政府丰富至现应入无障碍环境建设存在问题，斯满促成我国的残疾人以"平等"、"源与"、"共享"为宗旨，保护残疾人的权益和尊严。无障碍设计是残疾人对环境建设的需要，盲人无障碍疗养空间也是盲人对环境的需要。

设计说明：

由于视觉障碍，盲人对自然界千姿百态、五彩缤纷的植物无法观赏。他们只能触、感、知、闻的功能，感受周围的环境。这些变化又势必会对他们带来心理上的压力和情绪上的波动，导致出现孤独、失落、自卑和抑郁感。自然环境是医疗康复的绝佳场所，也是建造疗养空间的需要。因此应该从盲人的角度出发通过对花草芳香、板理质地、声音效果以及味觉感官的精心搭配，营造出一种使人充满活力的氛围。疗养空间是植物、建筑、水体及各种物质要素，经过各种艺术处理而创造出的、占有一定的空间、提供患者休息和疗养的公共设施。

作为规划设计者，必须树立以人为本的思想，设身处地为盲人着想，要以轮椅使用者和视觉残疾者为基准，积极创造适宜的疗养空间，以提高他们在环境中的自立能力。无障碍设计，除了对环境空间要素的宏观热量外，还对一些通用的硬质景象要素量，如出入口、园路、坡道、台阶、小品等细部构造，做细致入微的考虑。出入口宽度至少在120cm以上，有高差时，坡度应控制在1/10以下，两边宜加棱，并采用防滑材料，入口的牌标，其字迹能到到视者可以看清。文字与底色对比要强烈，并设置盲文。对于不安全的地方设置些些标志，加设护栏护栏扶手上注有有文说明。厕所、座椅、小桌、垃圾箱等园林小品的提前设置提醒，如声音提示、触觉美提示。设置要尽可能使轮椅使用者容易接近于使用，而且其位置不宜妨碍视障碍者的通行。厕位应设有安全抓带，盲道分为行进盲道和提示盲道，行进盲道呈条状形，每条高出岭面5毫米，走在上面会使盲杖和脚底产生感觉，主要指引视觉残疾者安全地向前直线行走。盲人对绿地、庭园的需求比绿化让一般人强烈得多，园林植物能释放大量负氧离子，能净化空气、调节气温，吸尘防噪。十分有利于盲人心理和身体的恢复，绿地景观设计要以绿色植物为主，在人的视野中绿色植物占25%左右也能清除困同者的视觉和心理疲劳。因此，无障碍疗养空间的绿化设计首先要坚持以绿为主，植物物茄的系列。即除了必要的园路外，其余均应绿化覆盖。充分利用垂直绿化来扩大绿色空间，改善生态环境，丰富园林景观；地形要尽可能平坦成缓理状，植物要适地适制，避免种植带刺或根茎易露出地面的植物，以免形成障碍。

障碍的形成

景观意向图

● 作者：2003 级 吕鹏

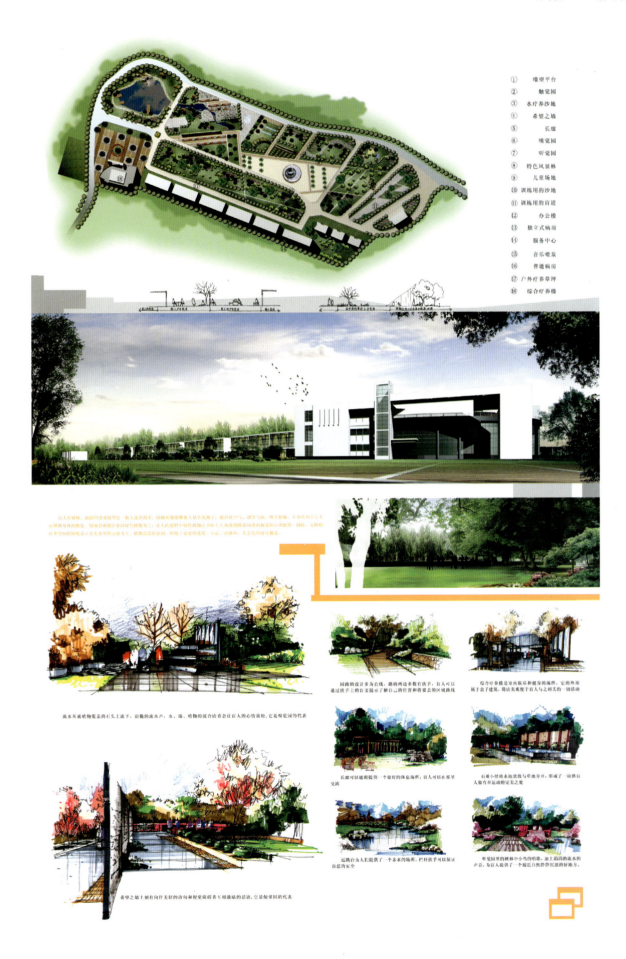

① 嘹望平台
② 触觉园
③ 水疗养沙地
④ 希望之墙
⑤ 长廊
⑥ 嗅觉园
⑦ 听觉园
⑧ 特色风景林
⑨ 儿童场地
⑩ 训练用的沙地
⑪ 训练用的盲道
⑫ 办公楼
⑬ 独立式病房
⑭ 服务中心
⑮ 音乐喷泉
⑯ 普通病房
⑰ 户外疗养草坪
⑱ 综合疗养楼

盲人植绿地，植园的道路以塑型让一般人道否树本，园林植物图器接大量氧气氛围，建沙杜沙气，洗步气阳，洗下阳绿，十分有利于盲人心理和身体的疾复。绿地是最佳设计重口绿色植物为主，在人的视野中绿色植物占70%无不出使用视觉同受者的视觉和心理感觉。因此，主要针对本空间的绿化设计首先要型型合理成为主，植物是其栽原则，即除了必须建型建筑、小花、进游所，其余代为绿化服务。

流水从被植物覆盖的石头上流下，清脆的流水声，水、墙、植物的混合清香会让盲人的心情放松，它是嗅觉园的代表

园路的设计多为直线，路的两边多散有扶手，盲人可以通过扶手上的盲文提示了解自己的位置和需要去的区域路线

综合疗养楼是室内娱乐和健身的场所，它的外形属于盒子建筑，简洁美观使于盲人与之相关的一切活动

长廊可以遮荫提供一个很好的休息场所，盲人可以在那里交流

石乘小径的水池景观与草地分开，形成了一场供盲人强有养运动的完美之处

瞭望台为人们提供了一个亲水的场所，栏杆扶手可以保证盲恩的安全

听觉园里的树林中小鸟的唱歌，加上洁清的流水的声音，为盲人提供了一个接近自然养恩沉思的好地方。

希望之墙上刻有向往美好的诗句和程觉受障碍者互相激励的话语，它是触觉园的代表

半岛绿洲 — 景观概念设计

指导教师：石瑶 项瑾斐　作者：刘叶

PENINSUTA DASIS LANDSCAPE DESIGN

设计理念：

依山傍水一直是人们最佳的理想居住环境。在城市中水景住宅一直倍受人们青睐半岛绿洲白墙赫瓦的八万平米绿海在渤海北岸英姿展露。根据不同人群的生活需要和审美趋向，将异域风情作为半岛绿洲景观设计理念的基础，把最受人们钟爱的地中海的碧水蓝天作为全围的设计核心，配以"柳岸香堤"，"比邻双星"，"爱琴欢歌"等具有典型地中海风情的休闲娱乐空间。营造出一个符合中国人居住习惯的异域风情社区。

追踪"地中海风情"一全围以"阳光，沙滩，海浪"为主题，以"帆硬歌罗巴"为中心景观的多功能亲水平台向四周发散的金色通路分别连接着"柳岸香堤"，"比邻双星"，"喜悦泉"等休闲生活空间，把"地中海风情"贯穿始终。精细的内部，如出入口、拱门及小渤海北岸，地中海北岸，阳光，沙滩，海浪，同样风情万千，幻融融的居住园区将地中海景观特色融入现代建筑的功能性。实用性的同时保持了地中海风情的本色。在这里你可以享受阳光的洗礼，在这里你可以邻听微风的细语。在这里你可以触摸成长的快乐，在这里你可以吸收晨露的甘甜。在这里你可以轻抚海海的衣襟，在这里你可以与大自然一起醉畅淋漓，在这里你可以伴侣享受爱的甜密。

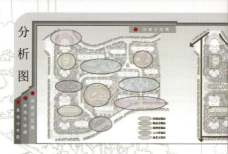

分析图

鸟瞰效果图

立面图

● 作者：2003级 刘叶

蔚蓝色的浪漫情缘，海天一色，艳阳高照的纯美自然——地中海

区位分析：
半岛绿洲位于大连市开发区，比邻渤海北岸，三面环山一面靠海，楼盘东南方向的大孤山清晰可见。六处山峰如同悬在空中的六朵莲花高展清幽，相对的卧牛岭上凸起的三个小山峰也如同三朵莲花般与其遥相互映

倍受世界富豪们喜爱的加洲风格——地中海风格的成功市土化移植

基地分析：
半岛绿洲总用地面积8.3万平方米，建筑占地面积4万平方米，建筑面积12万平方米，绿化面积4.3万平方米，道路广场面积1.2万平方米，水面积1.3万平方米，容积率：15.4%，建筑密度：9.6%，绿化率：52.8%

项目定位：
半岛绿洲比邻渤海北岸，被列入大连市政府重点发展的滨海展住区宏观规划的"明星楼盘"，06年重点开发项目，是滨海展住区开发的首个项目，以滨海生态环境为基质，依据原有地形地貌，打造北方的"爱情海"。

景观效果图

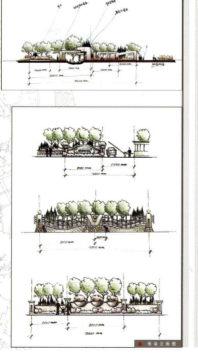

● 作者：2003级 孙路达

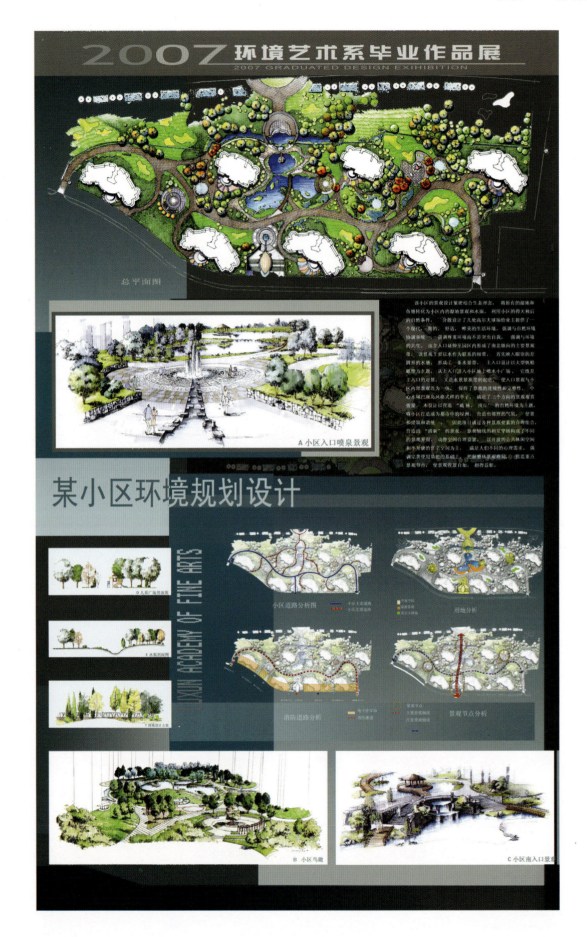

某小区环境规划设计

● 作者：2003 级 孙路达

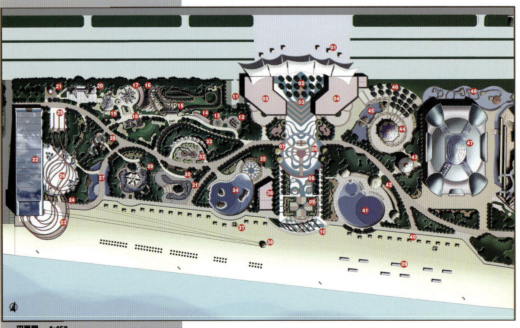

景观图例

主入口区
1. 海时间票亭
2. 入口服务广场
3. 门楼
4. 纪念品商场
5. 旋转门

游乐场区
11. VIP 停车场
12. 宇宙飞船
13. 旋转飞人
14. 迷你碰碰
15. 疯狂过山车
16. 岩石墙
17. 太空长廊

休闲风情区
25. 旋河游
26. 主题戏游
27. 假山风景
28. 乌语林
29. 健身大世界
30. 假花园

演艺区
22. 演艺场

海洋游览区
37. 梦幻潮
38. 迷迷滩游

未来水世界区
47. 未来探险世界

出口游览区
43. 太空
44. 疫站码头

6. 中剧演艺广场
7. 露贝亭
8. 戏水广场
9. 露路广场
10. 海猫剧门

18. 海话船
19. 摩天轮
20. 年冬球翻翻
21. 青蛙跳
32. 火箭轮轴
33. 摄影度

31. 旋回欢乐
34. 入潮流水道
35. 休趣餐厅
36. 绿色商务馆
41. 梦幻游览亭
42. 游乐商务区

24. 冰凉游

39. 大剧院
40. 海洋未知馆

45. 海羽地
46. 旋游趣旅

平面图 1:450

轴线分析图

景观节点分析图

等高线分析图

功能区域分析图　　绿化分析图　　亮化分析图

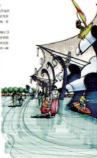

大门效果图

作者 2003 级 李文冰

入口广场效果图

鸟语林效果图

星级游泳池效果图

大堡礁湾效果图

潜水湾效果图

休闲长廊剖面

售货亭立面

洗手间效果图

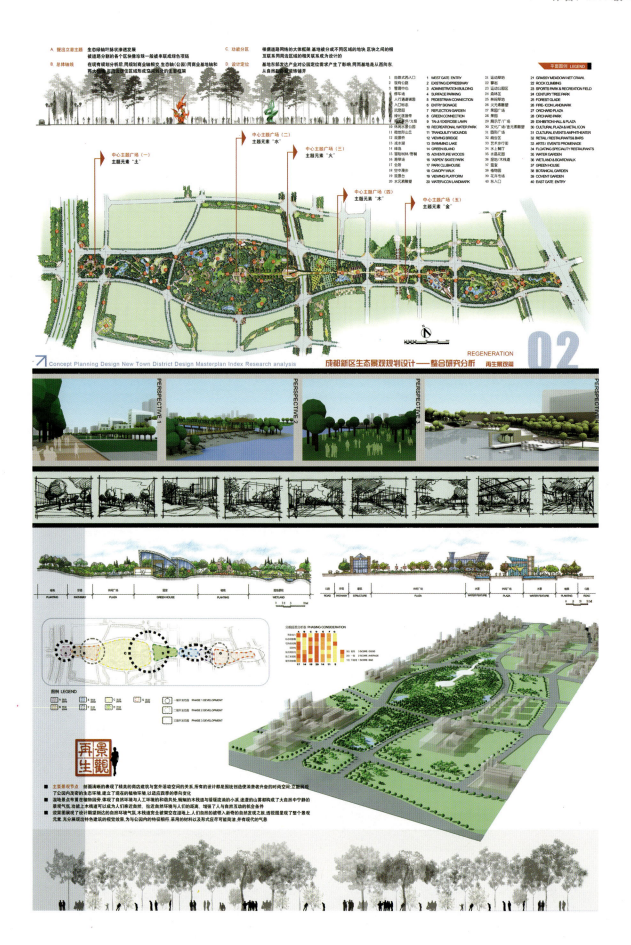

● 作者：2003 级 李帅

● 作者：2003 级 李帅

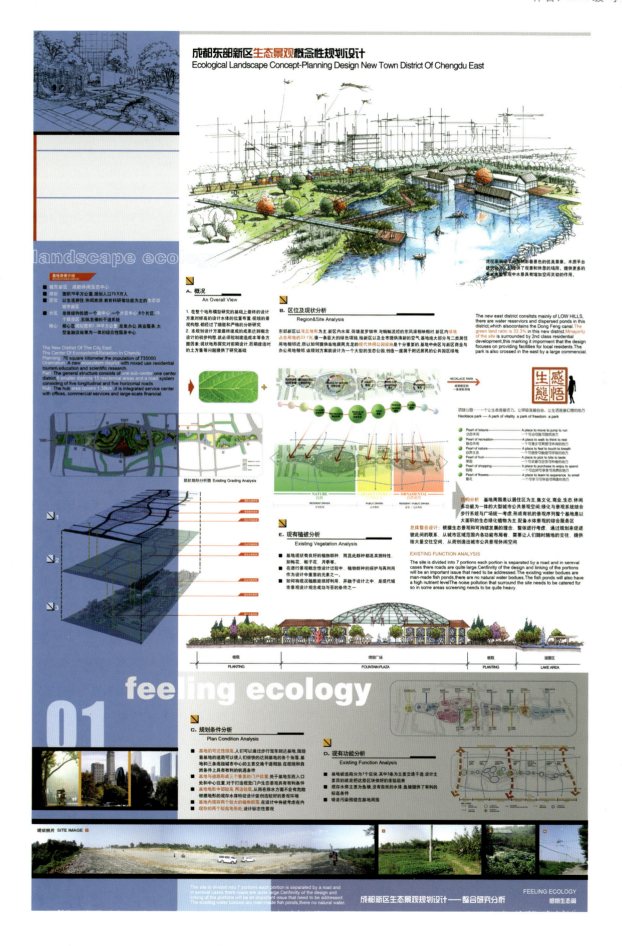

成都东部新区生态景观概念性规划设计
Ecological Landscape Concept-Planning Design New Town District Of Chengdu East

landscape ecology

A. 概况
An Overall View

B. 区位及现状分析
Region&Site Analysis

E. 现有植被分析
Existing Vegetation Analysis

总体整合设计

EXISTING FUNCTION ANALYSIS

NECKLACE PARK

Necklace park —— A park of vitality a park of freedom a park

feeling ecology

01

C. 规划条件分析
Plan Condition Analysis

D. 现有功能分析
Existing Function Analysis

现状照片 SITE IMAGE

交叉小径的公园
五里河公园改造方案

指导教师：曲辛　张强
学　　　生：时间

公园区位

设计说明

滨水区是规划设计最为敏感的区域，在首先满足生态要求的基础上，还要考虑人群的多方面需求，城市滨水区一向是城市中的灰空间，欠缺管理和开发，未曾发挥应有的作用和自身的生态潜力。五里河公园位于沈阳浑河岸边，地带狭长，滨水岸线长在本次规划设计中，我突破了一般规划设计的中心强烈的套路采用较为平均化的方式，用几个统一的序列完成整体网络。设计语言采用几何结合自然。集聚间有离析。

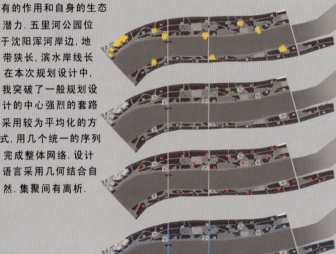

类型广场

景观结构

公园现状

空间密度分布

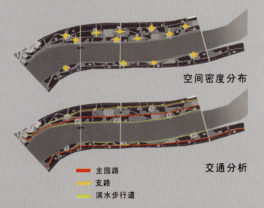

主园路
支路
滨水步行道

交通分析

● 作者 2003 级 时间

平面图 0 50m

类型花园

鸟瞰图

城市公园景观规划设计

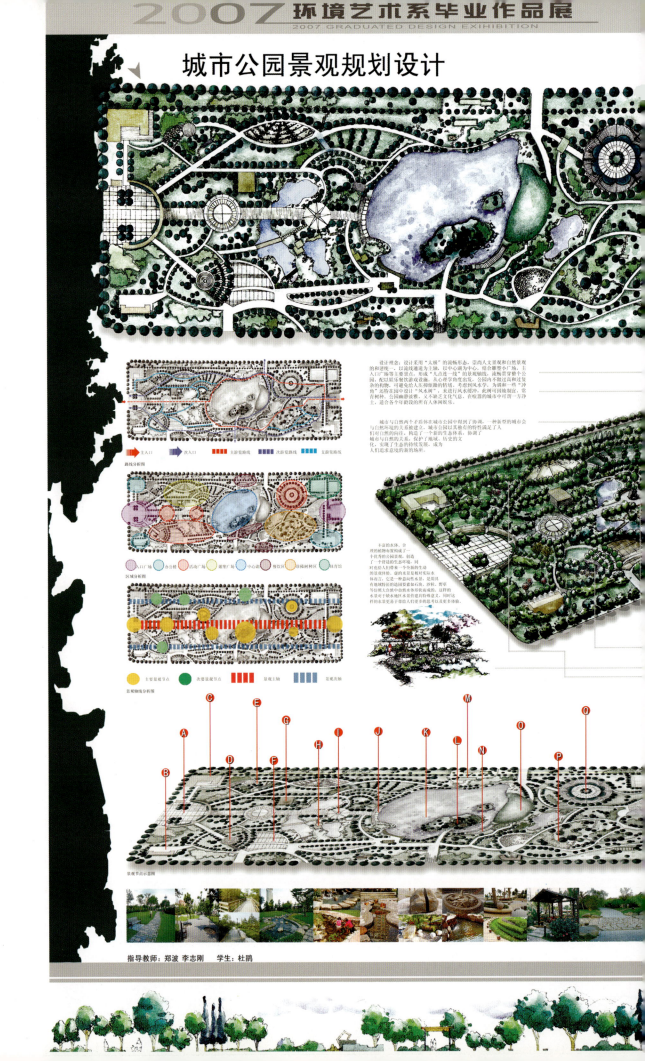

设计理念:设计采用"太极"的流畅形态,崇尚人文景观和自然景观的和谐统一,以流线通道为主轴,以中心湖为中心,结合雕塑小广场,主入口门广场等主要景点,形成"几点连一线"的景观轴线,流畅贯穿整个公园,配以娱乐餐饮游戏设施。从心理学角度出发,公园内不做过高和过复杂的构物,可避免给人压抑郁闷的情绪。考虑到风水学,为调和一些"冲角"还特在园中设计"风水树",来进行风水疏通,此树可围地制音,常青树种。公园幽静淡雅,又不缺乏文化气息,在喧嚣的城市中可谓一方净土,适合各个年龄段的所有人休闲娱乐。

城市与自然两个矛盾体在城市公园中得到了协调,一种新型的城市会与自然环境的关系被建立,城市公园以其独有的特性满足了人们对自然的向往,构造了一个新的生态体系,协调了城市与自然的关系,促护了地域、历史的文化,实现了生态的持续发展,成为人们追求意境的新的场所。

丰富的水体,合理的植物布置构成了一个优秀的公园景观,创造了一个舒适的生态环境,同时也给人们带来一个全新而生动的视觉体验。就的景观虽然时常缺水体而言,它是一种最闭性水景,是采用有效地转换的造动要素如石块、沙砾、野草等创建大自然中自然水体系统构成的。这样的水景对于地块水量有建具特殊意义,同时这样的水景更易于常给人们更多的思考以及更多体验。

路线分析图

```
主入口    次入口    主游览路线    次游览路线    支游览路线
```

区域分析图

```
入口门广场  办公楼  活动广场  雕塑广场  中心湖  餐饮区  珍稀树种区  体育馆
```

景观轴线分析图

```
主要景观节点    次要景观节点    景观主轴    景观次轴
```

景观节点示意图

指导教师:郑波 李志刚   学生:杜鹃

Garden Space

● 作者 2003级 杜鹃

A 主入口广场　　K 中心游憩区
B 公园办公楼　　L 测小岛屿
C 棋牌社　　　　M 水吧
D 中心景广场　　N 湖边咖啡屋
E 儿童游乐区　　O 微地形
F 老年活动区　　P 环城树林区
G 木屋报刊亭　　Q 花卉广场
H 硬质广场　　　R 网球馆
I 雕塑广场　　　S 篮球馆
J 游船码头　　　T 出口广场

沈阳 · 回龙岗 · 革命公墓改建工程设计方案

REDEVELOPMENT OF SHENYANG HUILONGGANG MEMORIAL PARK

1. 场地介绍

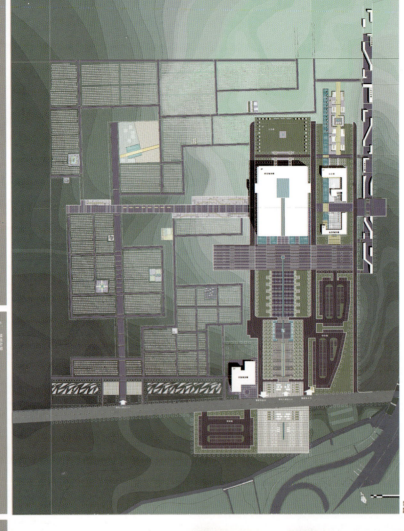

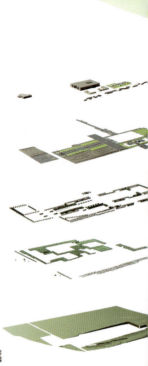

2. 基地分析

空间构成分析图

功能结构分析图

道路流线分析图·步行流线

3. 设计要素及原图

总入口景观设计意向图

墓群出口景观设计意向图

总体规划

设计主题、立意的说明

景观设计

建筑设计

● 作者 2003 级 田 斌

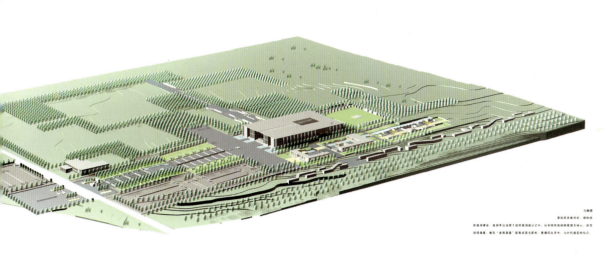

鸟瞰图

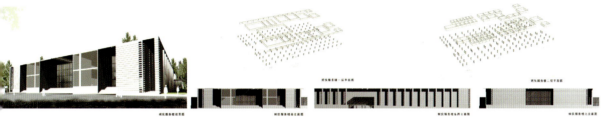

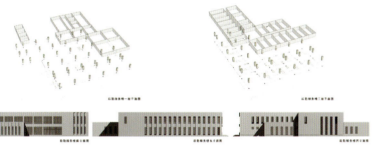

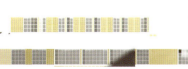
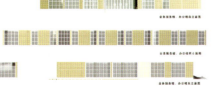

● 作者 2003 级 王珊珊

1.生态系统的平衡处理

四级分析统计表

土壤要素含量测定

大气含量标准分析

地表水质量标准调查

结论：
1. 生态失衡
2. 空气质量低
3. 分解物养分含量低
4. 水污染严重

生态系统受动

恢复生态平衡处理办法：
1. 除去土壤中的有害物质。
2. 建立生态保护区。
3. 进行全面的环境保护教育。
4. 禁止滥砍滥伐。

2.生态房屋构造及太阳能分析

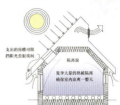

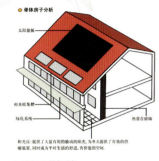

● 单体房子分析

太阳能板
雨水收集槽
绿化系统
热量存储墙

支出的房檐可阻挡阳光直射房间

夏季夜晚打开窗户 冷空气进入室内 热气流出

冬季地板和填充吸收大量的热

白天吸收热量在夜间释放出来

阳光房：提供了大量有用的被动的阳光，为冬天提供了有效的供暖措置。同时成为平时生活的舒适，有价值的空间。

● 太阳能与生活娱乐相结合

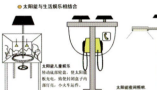

3.自行车系统分析

中国各城市居民交通方式统计表

● 自行车的三大优势

功能　经济　环保

沈阳市居民出行比例调查表

各种出行方式比例预算

以上三张图片是在沈阳市和平区街道上所拍，这种种道是整体了城市对道路的管理还不完善。

交通道路系统平面图（1）

交通道路系统平面图（2）

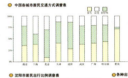

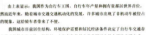
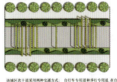
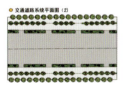

● 自行车棚
● 河边效果图

3.雨水，污水再利用系统分析

沈阳市民污水再利用调查分析表

● 雨水再利用剖面分析

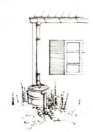
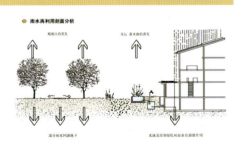

雨水损耗统计表

蒸发40%
蒸发25%
屋顶绿化13%
表面散失10%
蓄水30%

● 局部植物效果图

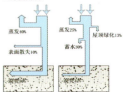

● 作者 2003级 丛玮蔚

颐养中心总平面图

比例 1：10000

颐养中心鸟瞰图

第二节　景观设计表现

景观设计表现　作者：马克辛

景观小品设计 作者：马克辛

水体景观设计 作者：马克辛

小区景观设计 作者：马克辛

景观小品设计 作者：马克辛

某生态园区入口设计 作者：马克辛

漆器公园景观设计 作者：马克辛

景观小品设计 作者：马克辛

后　记

　　景观（Landscape），无论在西方还是在中国都是一个美丽而难以说清的概念。地理学家把景观作为一个科学名词，定义为一种地表景象，或综合自然地理区，或是一种类型单位的通称，如城市景观、草原景观、森林景观等（辞海，1995，上海辞书出版社）；艺术家把景观作为表现与再现的对象，等同于风景；建筑师则把景观作为建筑物的配景或背景；生态学家把景观定义为生态系统或生态系统的系统（如 Naveh，1984，Forman and Godron，1986）；旅游学家把景观当做资源；而更常见的是景观被城市美化运动者和开发商等同于城市的街景立面，霓虹灯，房地产中的园林绿化和小品、喷泉叠水。而一个更文学和宽泛的定义则是：能用一个画面来展示，能在某一视点上可以全览的景象（webster′s 英语大词典，1996）。尤其是自然景象。但哪怕是同一景象，对不同的人也会有很不同的理解，正如 Meinig 所说"同一景象的十个版本"（Ten versions of the same scene，1976）：景观是人所向往的自然，景观是人类的栖居地，景观是人造的工艺品，景观是需要科学分析方能被理解的物质系统，景观是有待解决的问题，景观是可以带来财富的资源；景观是反映社会伦理、道德和价值观念的意识形态，景观是历史，景观是美。景观是画，展示自然与社会精彩的瞬间；景观是书，是关于人类社会和自然系统的书；景观是故事，讲述了人与人、人与自然的爱和恨，战争与和平的历史与经验；景观是诗，用精美而简洁的语言，表述了人类最深层的情感。因此，景观需要人们去品味，正如品味一幅画，品味一首诗；景观需要人们去体验，体验过去与现在的生活；景观需要人们去解读，正如解读一部历史与故事的书；景观需要人们去关爱，去呵护，就像关爱自己和爱人。顺便说明，本书的框架构想力图或已然显示出跨学科性、规范性、稳定性和实践性，同时又希望能多少反映出我们的探索和努力。但就当今该学科的学术水平和执笔者个人能力来说，却意味着还有巨大的潜在难度。我们很愿意在显然还很粗糙的新书能得到再版修订的机会。本书的完成要感谢学生、专家以及辽宁美术出版社的热心支持。